図解　土木講座

土質力学の基礎

（第 二 版）

能 城 正 治
林 田 師 照　共著
安 川 郁 夫

技報堂出版株式会社

まえがき

　土を力学的・工学的に取り扱う「土質力学」は土木工学等の建設系学科における重要な基礎科目ですが，経験的な知識の積み重ねが必要な面もあり，初学者にとって苦手な科目のようです．土質力学に関しては，すでに多くの参考書が出版されていますが，初歩から体系的にまとめた初級の技術者に手頃な参考書や教科書が十分提供されているとはいえません．

　著者らは学生たちの理解しやすい平易な参考書を目指し，1983年に『図解土木講座 土質力学の基礎』を出版しました．当時，専門書には珍しかったイラストや二色刷を採用し，やわらかい紙面づくりを試み，また，土質試験の方法をマンガ的な手法で解説し，土質力学の知識と土質試験の有機的な関連づけをはかるなどの工夫を行いました．他に例をみない内容と構成から，大学，高校，専門学校の教科書だけでなく若い技術者の参考書としても広く利用いただきました．

　このような特徴をもつ初版を出版してから早いもので20年が過ぎました．近年では，土質試験法の改正や単位系のSI化への対応が迫られていましたが，最近の研究成果や新たな知見の導入も必要と考え，全面改訂を目指しました．しかし，著者らが多忙な事情をかかえ改訂作業が思うように進まず，長い道のりを経て，この度ようやく第二版の刊行にたどり着いたのです．

　本書の改訂にあたっては，教育現場や企業における長い経験のなかで，初心者がどの部分を理解していないか，どの部分の理解が大切か，どの部分の基礎知識が実務の必須であるかなど，指導の過程で経験したことを解説や紙面の構成に反映しています．また，最近の研究成果や新たな知見の要点を随所に目立つ形で示すなど，より親切でわかりやすい記述を心がけました．

　実務の設計に用いる土の定数は直接には室内土質試験から求められていますが，第3章では，土の透水係数が現場で求められることが多い実状にあわせ，この章では特に現場で求める方法も解説しています．

　このようなことから，本書は初版に比べかなりの補足や加筆が生じ，試験法の解説以外はまったく新しい内容になりました．土質力学は建設系学科の重要な基礎科目です．本書が，それらを学ぶ学生の教科書として，実務に携わる若い技術者の参考書として，活用され役立つことを願う次第です．また，わかりやすいものを目指したといってもまだ不十分な面を残していることを心配しています．お気づきの点については，忌憚のないご意見をお寄せいただくことを願っています．

　今回の出版では，執筆から編集に至るさまざまな面で技報堂出版の宮本佳世子さんに大変お世話になりました．また，章扉のイラストは盛本一郎さんの協力を得ました．この紙面をお借りして深甚の謝意を表します．

2003年4月

能 城 正 治
林 田 師 照
安 川 郁 夫

本書の利用にあたって──土質力学とは

　社会の基盤をなすものとして，道路，鉄道，空港，港湾，橋，トンネル，ダム，建築物など多くのものがある．これらの施設や構造物は，いずれも地盤に基礎をおくか，地盤に人工を加えてつくられる．地盤は多くの場合土であり，それらは複雑で多様な状態にあるので，構造物を設計・施工するときには，土の性質をつかみ，適切に評価し，結果を反映させなければならない．

　土の問題を構造物の種類と設計・施工における内容で分類し，問題点と計算や検討すべき項目，それを行うのに必要な調べるべき項目をまとめたのが図-1である．

　本書では，設計・施工に必要な土の性質をわかりやすく解説し，調べるべき項目の試験方法と結果の活用についても説明を心がけた．われわれが立ち向かう土は3つの特徴をもっている．

① 土は鋼やコンクリートとはまったく異なる自然の生成物である．
② どのような土も土粒子，水，空気の3つから構成される．
③ 土は本質的に粒子の集合体と考える．そのため，土は力を受けて変形するときに体積が変化する（第6章の1.3で解説）性質を発揮する．これは自然の生成物である最大の特徴である．

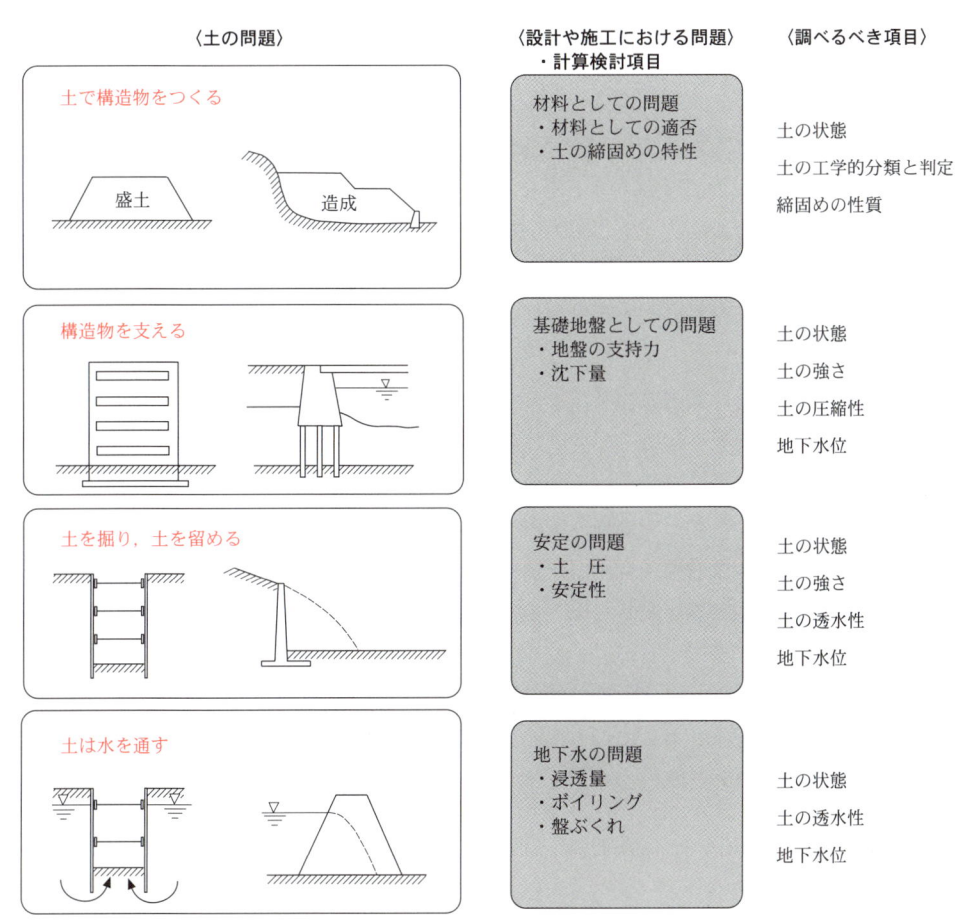

図-1 設計や施工における問題，調査項目

本書は，これらをベースに，図-1で示した項目の基礎知識とその性質を求める試験方法について解説する．なお，補足的な解説は「アドバイス」として表示してある．

【土質力学の分野】
土質力学に関して，土にかかわる学問分野を示したのが図-2である．

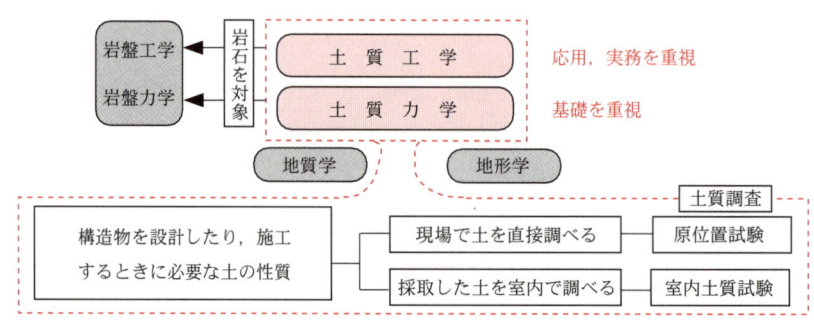

図-2 土にかかわる学問分野

● **土質力学と土質工学**

土の性質の研究成果に，経験による知識の蓄積を加え，一つの学問領域としてまとめたのが「土質力学」である．土の性質を図-2に示したように設計や施工の実務に活用できるように整理し，体系化した学問分野を「土質工学」ということもある．しかし，この呼び方の違いは明確でなく，基礎を重視した場合に「土質力学」，実用を重視した場合に「土質工学」と呼ぶことが多い．

この分野の研究者や技術者で組織される「土質工学会」が1995年に「地盤工学会」に改称されたことから，現在は「地盤力学」「地盤工学」と呼ぶ傾向にある．いずれであっても，土の性質を求める試験や調査はこの学問分野に含まれる．

なお，土ではなく岩盤を対象とする分野は「岩盤力学」や「岩盤工学」と呼ばれている．

● **地質学と地形学**

土質力学と兄弟のように緊密な関係にある学問分野に地質学や地形学がある．地質学は，地盤を歴史的な成り立ちや構成や構造など，広い立場で取り扱う分野をいう．堆積した土の性質は堆積年代などの地質的な要因に支配される．地形学は，山間部や平野部など地形的な要因で地層の性質が特徴づけられることなどを扱う．現地の土の性質を判断するときは，地質学や地形学の知識に大いに助けられる．大規模工事や山間地での工事（トンネルやダム工事）では，地質学や地形学，さらに岩盤力学の知識が重要な役割を果たす．

本書では，設計や施工に必要な土質力学の基礎的内容を，試験方法を含めわかりやすく解説していく．土質力学の分野を「木」にたとえるなら，基礎的内容は「根」や「幹」をなすものであり，その習得は実務を進める際のカギとなる．

目　　次

まえがき
本書の利用にあたって——土質力学とは

第1章　土の生成と調査・試験

1. 土の生成 ………………………………………………………………………… 2
    1.1　土の生成 …………………………………………………………………… 2
    1.2　堆積時代と土層 …………………………………………………………… 3
    1.3　地形による土層の特徴 …………………………………………………… 4
    1.4　土の構成と構造 …………………………………………………………… 5
        （1）砂質土の構造　5　　　（2）粘性土の構造　5
2. 土の調査と試験 ………………………………………………………………… 6
    2.1　土質調査 …………………………………………………………………… 6
    2.2　調査地点の選定 …………………………………………………………… 7
    2.3　ボーリングと原位置試験 ………………………………………………… 7
    2.4　標準貫入試験 ……………………………………………………………… 8
    2.5　スウェーデン式サウンディング試験 …………………………………… 10
    2.6　サンプリング ……………………………………………………………… 11
    2.7　土質試験 …………………………………………………………………… 12

第2章　土の基本的な性質

1. 土の状態の表し方・求め方 …………………………………………………… 14
    1.1　土の状態の基本的な考え方 ……………………………………………… 14
    1.2　土の含水比 ………………………………………………………………… 15
    1.3　土粒子の密度 ……………………………………………………………… 15
    1.4　土の密度と単位体積重量 ………………………………………………… 18
        （1）湿潤密度と乾燥密度　18　　　（2）設計に必要な単位体積重量　20
    1.5　間隙比・間隙率と飽和度 ………………………………………………… 20
    1.6　土の状態を表す諸量の計算 ……………………………………………… 22
2. 土の粒度とコンシステンシー ………………………………………………… 24
    2.1　土の粒度 …………………………………………………………………… 24
        （1）粒度試験　24　　　（2）粒度試験結果の表示　28　　　（3）粒

　　　　度による土の分類　29
　　2.2　土のコンシステンシー ·· 30
　　　　（1）液性限界試験，塑性限界試験　30　　（2）コンシステンシー限界による粘性土の判定　32
3.　土の工学的分類 ··· 34
　　3.1　地盤材料の工学的分類 ·· 34
　　3.2　工学的分類方法 ·· 34

第3章　土の中の水の流れと毛管現象

1.　土中の水の流れとダルシーの法則 ··· 38
　　1.1　ダルシーの法則 ·· 38
　　1.2　透水量と透水係数 ·· 39
2.　透水係数の測定 ··· 40
　　2.1　室内透水試験 ·· 40
　　　　（1）定水位透水試験　40　　（2）変水位透水試験　42
　　2.2　現場における透水係数の測定 ·· 44
　　　　（1）揚水試験　44　　（2）単孔式透水試験　47　　（3）地下水揚水の影響半径　48
3.　透水量の計算 ··· 49
　　3.1　流線網を利用する場合 ·· 49
　　3.2　透水断面積が一定の場合 ·· 51
　　3.3　掘削現場での透水量の予測 ·· 52
4.　毛管現象と土の凍上 ··· 53
　　4.1　土の毛管作用とサクション ·· 53
　　4.2　土の凍上 ·· 55

第4章　地中の応力

1.　載荷前の地中の応力――土かぶり圧 ··· 58
　　1.1　全応力と有効応力――応力を考えるときの土の見方 ·································· 58
2.　載荷重による鉛直方向の増加応力の計算 ··· 60
　　2.1　集中荷重による鉛直方向の増加応力 ·· 60
　　2.2　応力の伝達――圧力球根 ·· 62
　　2.3　長方形載荷面上の等分布荷重による鉛直方向の増加応力 ·································· 63
　　2.4　台形帯状荷重による鉛直方向の増加応力 ·· 64
　　2.5　等分布荷重による鉛直方向の増加応力の概算式 ······································ 66
　　2.6　増加応力による過剰間隙水圧と有効応力 ·· 68
3.　浸透流による地中の応力の変化と破壊現象 ··· 69

3.1　浸透力と有効応力……………………………………………………………69
　　3.2　クイックサンド現象とその判定………………………………………………70
　　3.3　地盤における破壊現象——ボイリング………………………………………72
　　　　（1）限界動水勾配法　72　　（2）テルツァギの方法　73
　　3.4　掘削における盤ぶくれの問題…………………………………………………74

第5章　土の圧密

1. 土の圧密とは………………………………………………………………………76
　　1.1　土の圧縮と圧密…………………………………………………………………76
　　1.2　粘性土で問題となる土の圧密…………………………………………………77
　　1.3　土の圧密の性質を調べる——圧密試験………………………………………78
　　　　（1）テルツァギが考えた圧密進行と試験　78　　（2）圧密試験の方法　79
2. 圧密の特性を表す係数……………………………………………………………82
　　2.1　沈下量に関係する係数…………………………………………………………82
　　2.2　沈下時間に関係する係数………………………………………………………84
　　　　（1）テルツァギの圧密理論と解析結果　84　　（2）実験によるc_vの決定　86　　（3）圧縮係数の整理と計算に用いる圧密係数　88
3. 粘土の圧密降伏応力と正規圧密と過圧密………………………………………89
　　3.1　地質年代にたどった経過………………………………………………………89
　　3.2　圧密降伏応力の決め方…………………………………………………………90
　　3.3　正規圧密と過圧密………………………………………………………………90
　　3.4　沈下予測の難しさ——二次圧密の問題………………………………………92
4. 圧密の計算…………………………………………………………………………93
　　4.1　圧密沈下量の計算式……………………………………………………………93
　　4.2　圧密時間の計算式………………………………………………………………94
　　　　（1）圧密沈下量Sに至る時間tの計算　94　　（2）時間t経過によるSの進行予測　95
　　4.3　圧密沈下の計算手順……………………………………………………………95

第6章　土の強さ

1. 土のせん断強さ……………………………………………………………………98
　　1.1　土のせん断強さとは……………………………………………………………98
　　1.2　土のせん断強さ——クーロンの式による表現………………………………98
　　1.3　土だけに存在するダイレイタンシー…………………………………………100
　　1.4　せん断における全応力と有効応力……………………………………………102
　　1.5　せん断試験と排水条件…………………………………………………………103
　　1.6　土は自然状態で強さをもつ……………………………………………………104

2. 土のせん断試験と強度定数の決定……………………………………………………106
　2.1 室内せん断試験の種類……………………………………………………………106
　2.2 せん断試験に用いる排水条件……………………………………………………107
　2.3 一面せん断試験……………………………………………………………………108
　2.4 三軸圧縮試験………………………………………………………………………110
　　　（1）供試体の内部の応力を知る――モールの応力円　111　　（2）破壊時のモールの応力円　114　　（3）強度定数の決定　115　　（4）土が破壊に至るまでの過程――応力経路　115
　2.5 一軸圧縮試験………………………………………………………………………116
3. 土の種類とせん断強さ…………………………………………………………………118
　3.1 土の強さ――粘土，砂，中間土…………………………………………………118
　3.2 砂のせん断強さ……………………………………………………………………119
　　　（1）砂が発揮する ϕ_d　119　　（2）実用的な砂の ϕ の推定　120　　（3）砂の液状化　121
　3.3 粘土のせん断強さ…………………………………………………………………122
　　　（1）排水条件により発揮される強さは異なる　122　　（2）現場で使う粘着力 c_u の意味　122　　（3）圧密によって c_u は増加する　123　　（4）粘土の鋭敏性　124
　3.4 安定計算の考え方…………………………………………………………………125
　　　（1）全応力法と有効応力法　125　　（2）全応力法の現場への適用　126

第7章　土の締固め

1. 締固めの性質と締固め試験……………………………………………………………128
　1.1 締固めの性質………………………………………………………………………128
　1.2 土の締固め試験……………………………………………………………………129
2. 土の締固めの性質と土工への利用……………………………………………………131
　2.1 土の種類と締固め曲線……………………………………………………………131
　2.2 締固めエネルギーの影響…………………………………………………………132
　2.3 現場における締固めの意味………………………………………………………133
　2.4 締固めの判定と土工の管理………………………………………………………134
3. 土の締固めと路床土支持力比（CBR）…………………………………………………135
　3.1 締固め土の強さとCBR……………………………………………………………135
　3.2 CBR試験……………………………………………………………………………136
　3.3 道路の舗装とCBR…………………………………………………………………138
　　　（1）舗装厚さの設計に用いる設計CBR　138　　（2）路盤材料の判定に用いる修正CBR　139

文献……………………………………………………………………………………………141

第1章　土の生成と調査・試験

　土は自然の生成物である．生成された土は，自然のなかで長い年月を経てさまざまな状態で存在する．設計・施工といった工学を対象に土の性質を考えるときも，土の生成に関する知識はその評価や判断を助けるきわめて大切なものとなる．

　また，構造物を設計したり施工する場合，十分な調査や試験に基づいて土の性質や状態を的確につかんでおかなければならない．土の性質は，現地で直接測定する場合と，採取した試料を用いて室内で試験をして求める場合がある．

　本章はこの本の導入部として基礎知識を提供するためのもので，土はどのようにして生成されるのか，土の性質はどのような調査・試験で求めるかなどを説明する．

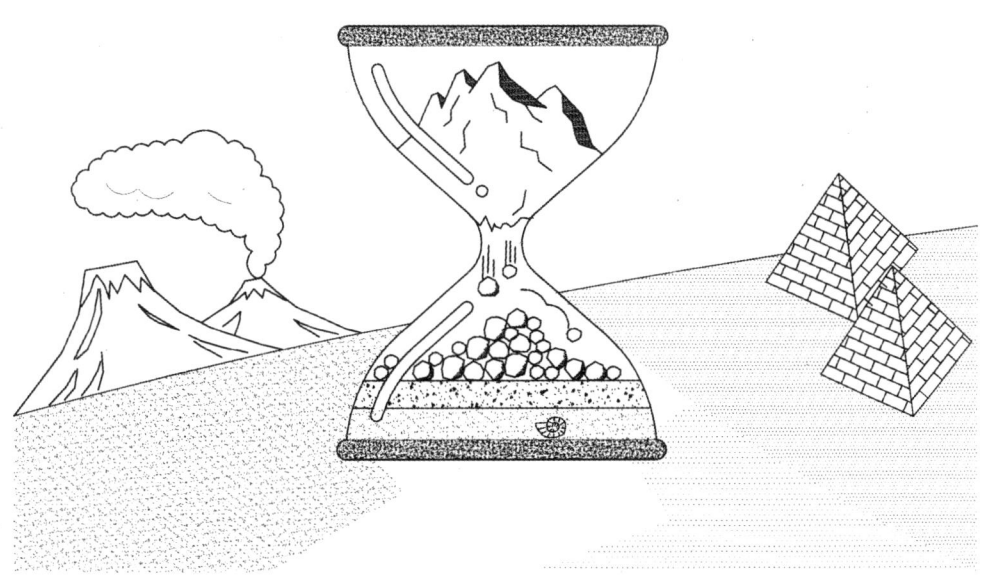

1. 土の生成

自然の生成物である土は，地質年代という長い時間を経てさまざまな状態で堆積している．ここでは，土そのものがどのように生成されるか，生成された土がどのような経過を経て自然界に堆積しているかを説明する．また，生成された土の粒子や構造についても説明する．

1.1 土の生成

土の多くは岩石の風化により生成されるが，一部には植物が腐食してできた有機質土や火山灰の堆積土もある．

地表および地表付近にある岩石が大気の物理的作用や化学的作用によって破砕と分解を受け，次第に崩され，生物的な要因も加わって土になる．このような現象や作用を**風化作用**といい，土の生成との関係は図-1.1のようである．

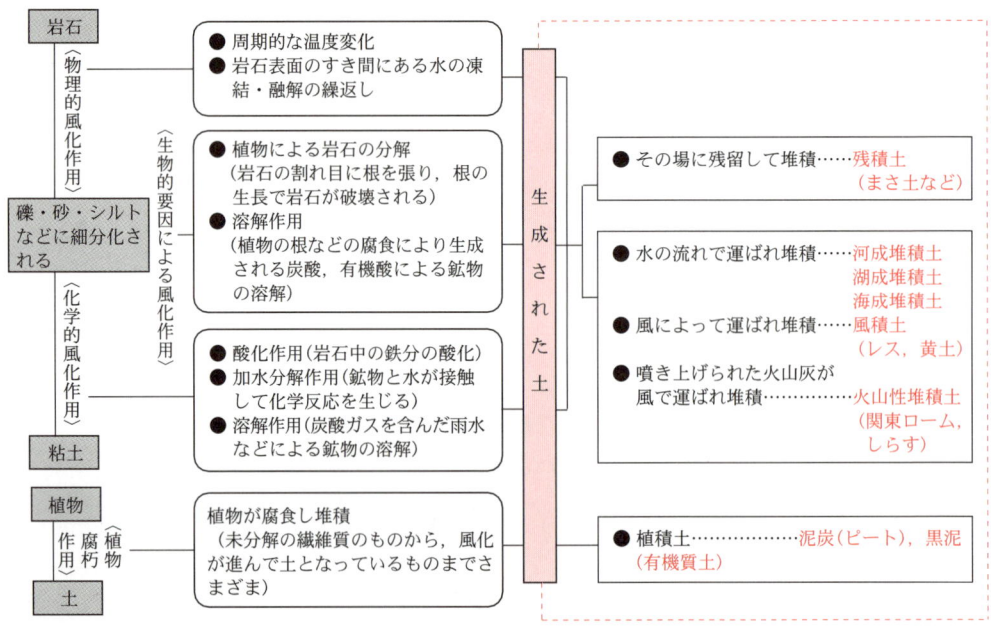

図-1.1 風化作用と土の生成

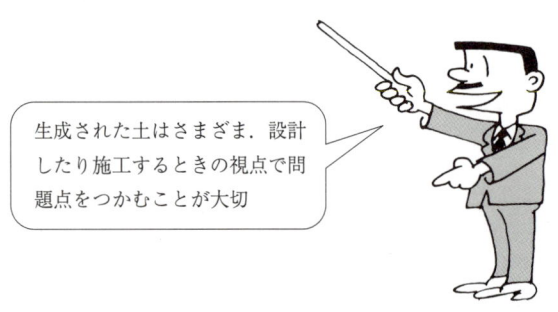

生成された土はさまざま．設計したり施工するときの視点で問題点をつかむことが大切

1.2 堆積時代と土層

土は生成され堆積した時間の経過とともに硬くなる．堆積時代の新しいものは一般に軟弱であるが，長い年月を経過したものは固結し硬く，さらに長く経ると固化し岩石になる．これらの時間の経過は**地質時代**で表される．地質時代とは地層の形成の順序などを歴史的に区分し年代を定めたもので，土にかかわる地質時代は図-1.2のようである．

岩石が風化してできた土も，長い地質時代に固化し岩石となるなど，岩石と土の生成は循環的な関係にある．

日本では，平野部のほとんどが**沖積土層**で，**軟弱地盤**となっている．

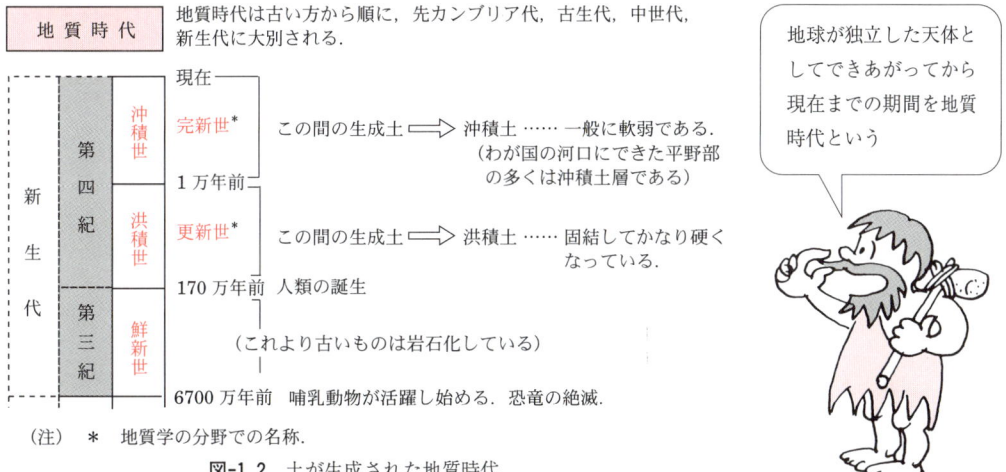

図-1.2 土が生成された地質時代

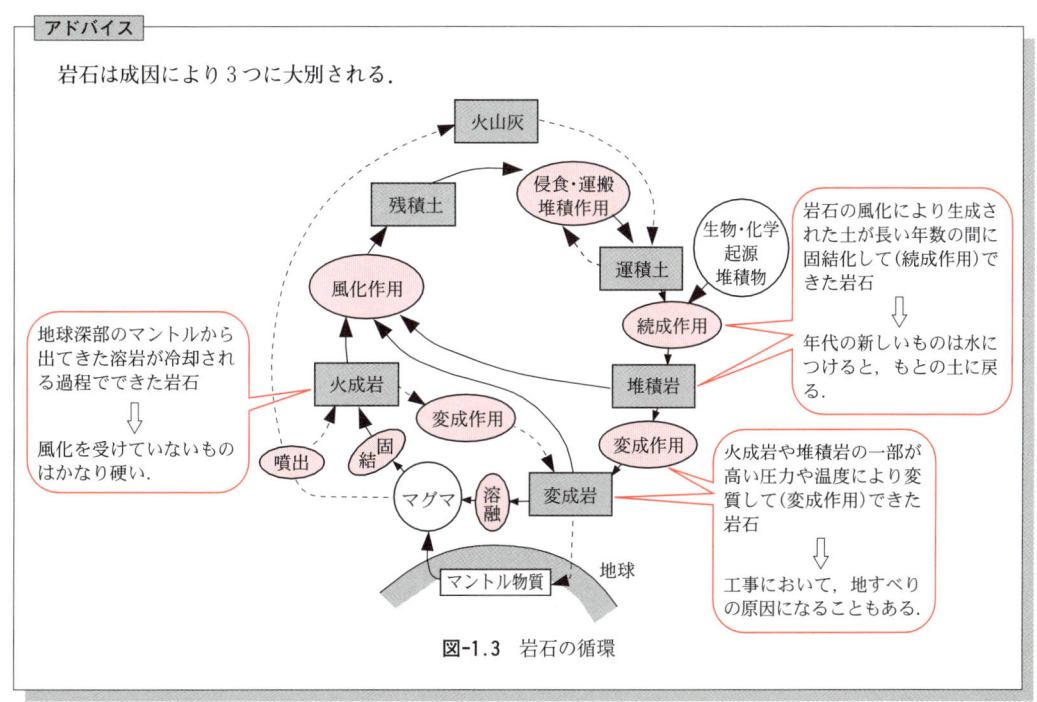

図-1.3 岩石の循環

1.3 地形による土層の特徴

　日本列島は，地球表面にある地殻（硬い岩盤でできたプレート）の上にあり，日本列島がのるプレートを含め4つのプレートが押し寄せ，せめぎあっているため，大きな圧力を受けて列島には数多くの割れ目ができている．列島を分断するような特に大きな割れ目を**構造線**，中小の割れ目を**断層**（第4紀にできたものは**活断層**）といい，断層は数 km から 100 km 以上の長さをもっている．地質時代という長い時間の経過において，大きな圧力で繰り返し岩盤が破壊される断層の活動により，各地の地形が形づくられた．ここに雨が降り，川ができ，山地部で風化した土砂が流下して堆積し，図-1.4のような土層が生成されたのである．なお，低地や海岸部では海水の作用も加わっている．海岸平野は，いまから170万年前までの第4紀に氷河期が何度も訪れ，海進と海退が繰り返されて現在の土層が生成された．

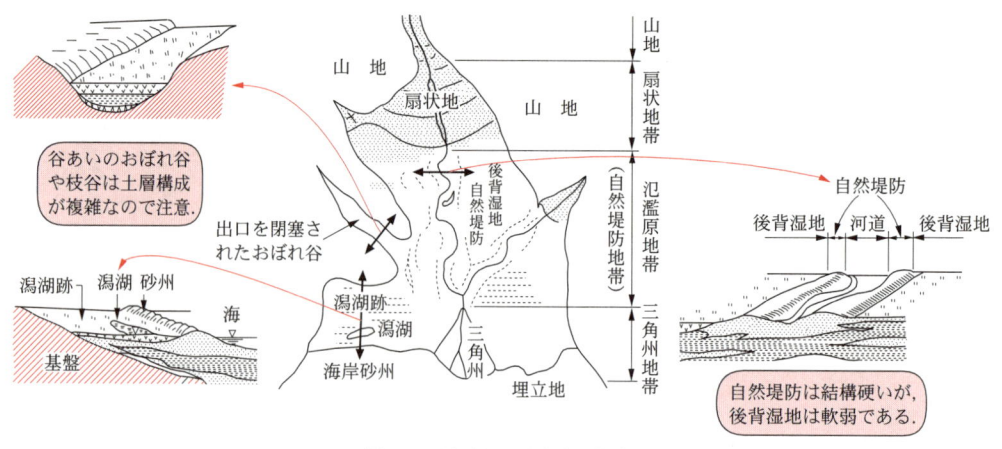

図-1.4　地形と土層生成の模式図

アドバイス

特異な性質をもち地域的に分布する土（日本の特殊土）

- **関東ローム**──関東地方の大地や丘陵地の上部に厚く堆積する火山灰性粘性土．洪積世に活動した富士山，浅間山などから吹き上げられた火山灰が偏西風にのって運ばれ堆積したもので，長い年月の間に粘土化したため，こね返されると著しく軟弱化し，土木工事では問題を起こす．

- **しらす**──姶良火山などの鹿児島湾周辺の火山から噴出したガラス片状の粒子や軽石が，鹿児島県一帯と宮崎県の一部に堆積したもの．台地を形成し，数十mの鉛直に切り立った崖をなしている場合もあり，豪雨時や地震時に崩壊するなど，災害が起きやすい．

- **泥炭**──ピートともいう．沖積世に低温多湿な場所で枯死した植物が，未分解のまま堆積してできた有機質土．北海道では大規模な泥炭層が形成されているが，本州でも，かつて沼や潟だった場所に小規模な形で分布する．圧縮性は粘土に比べて数値が1桁大きく，盛土工事のときには大きな沈下を生じる．

- **まさ土**──六甲山系以西の瀬戸内海沿岸地方の花崗岩地帯にみられる残積土．風化の程度により，岩石に近いものから細粒土まで広範囲なものを含む．盛土や埋立の材料として用いられるが，長期の風化や山地部での大雨による崩壊が問題となる．

1.4 土の構成と構造

土は大小の土粒子が集合してできており，土粒子は粒径により図-1.5のように区分される．

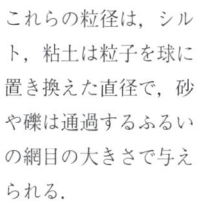

これらの粒径は，シルト，粘土は粒子を球に置き換えた直径で，砂や礫は通過するふるいの網目の大きさで与えられる．

細粒分		粗粒分						石分	
		砂			礫			石	
粘土	シルト	細砂	中砂	粗砂	細礫	中礫	粗礫	粗石（コブル）	巨石（ボルダー）

粒径(mm)　0.005　0.075　0.25　0.85　2.0　4.75　19　75　300

土質材料（石分＝0%）⇔ 岩石質材料（石分≧50%）

図-1.5　土粒子の粒径による区分とその呼び名

土はこれらの土粒子が種々の割合で混じり合ってできている．また，自然状態において土粒子はさまざまな配列をしており，配列状態を**土の構造**と呼んでいる．

(1) 砂質土の構造

砂質土は土粒子が重力の作用で互いに角と角で接触しており，**単粒構造**（図-1.6）という．大きな粒子から小さな粒子まで一様に混合していると密な状態になるが，同じ大きさの粒子ばかりだと間隙が多いためゆるい状態になる．

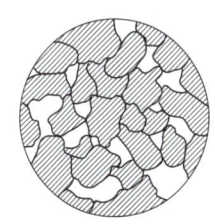

図-1.6　単粒構造

(2) 粘性土の構造

粘性土は，過去に受けていた物理的・化学的作用の結果としてさまざまな粒子配列をし，微細な粒子は**団粒（ペッド）**をなして堆積している．それらが骨組みとなってつながり構造をつくると考えられていて，立体的な構造モデルは図-1.7のように推定される．電子顕微鏡でみると図-1.8のようで，粘土であってもいかに間隙が多いかがわかる．

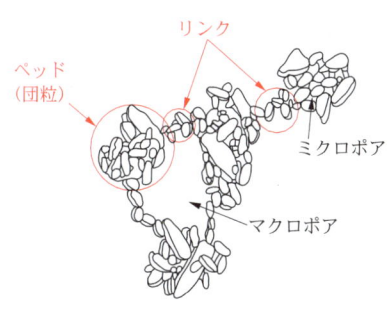

図-1.7　粘性土の立体的な構造モデル

垂直断面

水平断面

図-1.8　粘性土の顕微鏡写真の一例($p=314$ kN/m² で圧密)
（京都大学　嘉門雅史教授提供）

自然状態にある粘土は堆積した年代経過を反映して構造が発達し，化学的な結合作用（セメンテーションと呼んでいる）も加わってかなり強くなる．このような土は，振動やこね混ぜによって構造が壊されるとその強さを失い軟弱化する．

2. 土の調査と試験

　土の性質を調べる「調査」は，原位置で直接調査する場合と，採取された土について室内で試験して求める場合がある．

　ここでは，土質調査とはどういうものか，設計・施工のどの段階で調査・試験を行うかを説明するが，調査のなかでも標準試験といえるほどよく実施されるものは 2.4 で解説する．室内試験については試料の採取方法や実施する試験項目を述べ，各試験方法は第 2 章以降で解説する．

2.1　土質調査

　土の物理的性質や力学的・工学的性質は，設計や施工に先立って現地で調査したり，試料を室内で試験して求める．地盤，材料土としての適否，土の工学的性質など土を対象とした全般の調査を**土質調査**といい，図-1.9 に示すように**原位置試験**と**土質試験**がある．

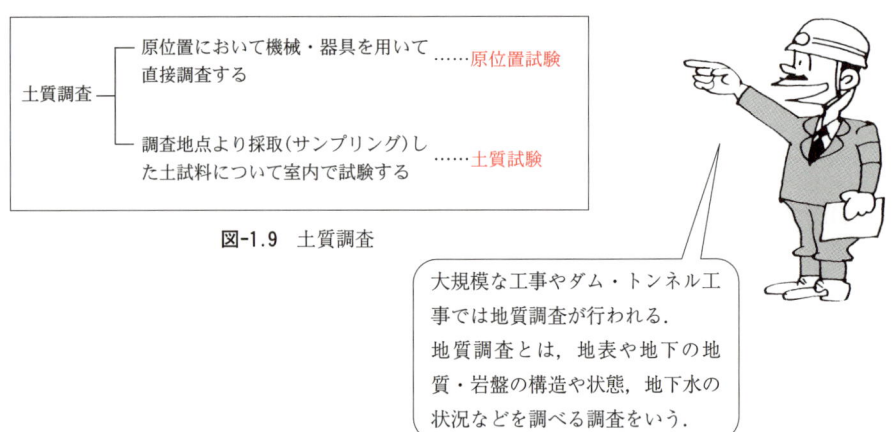

図-1.9　土質調査

　大規模な工事やダム・トンネル工事では地質調査が行われる．地質調査とは，地表や地下の地質・岩盤の構造や状態，地下水の状況などを調べる調査をいう．

　土質調査は，通常，予備調査と本調査に分けて行う．図-1.10 に工事における調査・設計・施工の流れを示す．

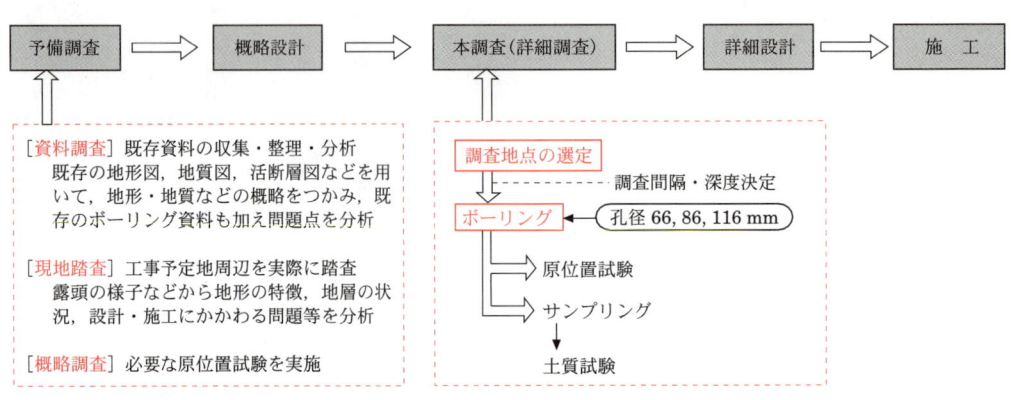

図-1.10　工事における調査・設計・施工の流れ

2.2 調査地点の選定

構造物や工事の規模に応じて，調査する範囲，調査地点の間隔，調査する深さを決めなければならない．

- 計画構造物や施工地域が広い面積にわたる ── 調査地点は網目状に選定
- 道路・鉄道・堤防など細長い路線状 ── 計画路線の中心線に沿って選定

調査地点の間隔の目安を表-1.1に示す．また，計画される構造物の規模や施工法などに応じて調査深さを決めるが，河川堤防の場合の例を表-1.2に示す．

表-1.1 調査地点の間隔の目安[1]

工事の種類	ボーリング地点間隔（m）		
	土層均一	土層普通	土層不規則
高層建築物	50	30	15
橋脚・橋台など		30	10
道路・鉄道	500	200	50
フィルダム		100 以内	
土取り場	300〜150	150〜50	50〜15

表-1.2 河川堤防の標準的な調査位置，深度[2]

項目	内容	概略調査	詳細調査	
			軟弱地盤調査	透水性地盤調査
ボーリング	位置	（縦断方向）200 m に1か所	（縦断）100 m に1か所	（縦断）100 m に1か所 （横断）表，裏のり先各1か所
	深さ	堤防高さの3倍	沈下に影響する軟弱層の深さまで	連続した不透水層または20 m
サウンディング	位置	50〜100 m に1か所	20〜50 m に1か所	（縦断）100 m に1か所 （横断）20〜50 m に1か所
	深さ		沈下に影響する軟弱層の深さまで	
サンプリング土質試験	位置	─	100 m に1か所	（縦断）100 m に1か所 （横断）表，裏のり先各1か所
	深さ	─	2 m に1個．土層の変化が著しい場合，土層ごとに1個	左に同じ

2.3 ボーリングと原位置試験

調査地点と調査深さが決まれば，現地でまずボーリングを行う．**ボーリング**とは，削孔用機械を用いて地盤に細長い孔をあける作業（試錐ともいう）のことである．所定の深さまでボーリングした後，原位置試験や**サンプリング**（土でも岩でも試料を採取すること）を行う．ボーリングの孔径は，目的により66 mm，86 mm，116 mm を使い分ける．

原位置試験は概略調査の段階で実施されることが多く，**サウンディング**は最もよく用いられる．原位置試験には，ボーリング作業を行わず地表で行うものもある．

サウンディングの主なものを表-1.3に示す．

> **アドバイス**
>
> **原位置試験**
>
> ● 強度を調べる　　　サウンディング ……… ロッド先端に取り付けた抵抗体を地中に挿入し，深さごとの貫入，回転，引抜きの抵抗値から，その深さにおける土の状態や土の強さなどの力学的性質を推定する．
>
> ● 強度と変形を調べる　載荷試験 ……………… 地盤に直接載荷し，荷重と変形の関係を調べ，地盤の支持力などを推定する．
>
> 　　　　　　　　　　ボーリング孔利用試験 …… ボーリング孔を利用し，所定の深さの土層に水平方向に載荷試験を行い，強度や変形の性質を求める．
>
> ● 地下水，浸透流を調べる　現場透水試験 ……… ボーリング孔などを利用し，砂層や礫質層の透水性を調べる．
> 　　　　　　　　　　　揚水試験
>
> ● 物理的な特性を調べる　物理探査 …………… 波や電気の伝わる性質から，土層の性質を推定したり，地盤の構造を推定する．
> 　　　　　　　　　　（弾性波探査，電気探査）

表-1.3　よく用いられるサウンディングの例

力の加え方		代表的な装置	測定法	適用土質
力の区別	加圧方法			
動的	打込み	標準貫入試験機（標準貫入試験用サンプラー）	・63.5 kg のハンマーを高さ 76 cm から落下させ，サンプラーを 30 cm 貫入させるのに要する打撃回数（N 値）を測る．（サンプラー内の土試料の採取）	巨石・粗石以外のほとんどの土質
静的	圧入	オランダ式二重管コーン貫入試験機（コーン）	・押込み速さ 1 cm/s 程度で挿入し，深さ 25 cm ごとの貫入抵抗（kN）を測る．・貫入抵抗を底面積で割った値をコーン指数(kN/m^2)とする．	軟らかい粘性土など
静的	回転	スウェーデン式サウンディング試験機（スクリューポイント）	・質量が 5, 15, 25, 50, 75, 100 kg となるようにおもりを段階的に載荷し，各荷重ごとの沈下量を記録する．・質量 100 kg のおもりを載荷しておいて，ハンドルを回転し，ハンドル半回転を 1 回として，25 cm 貫入するのに要する回転数を求め，これを 4 倍して 1 m あたりの回転数を貫入 25 cm の土層の N_{sw} とする．	巨石・粗石，および密な砂礫以外のほとんどの土質

（注）代表的な装置の欄の（　）内に，装置の先端につける抵抗体を示す．

土木工事では標準貫入試験が標準的な試験となっている．
小規模建築物ではスウェーデン式サウンディングが標準となっている．

2.4　標準貫入試験

標準貫入試験は，地盤調査の「標準試験」といえるほどよく用いられる方法で，この試験で求められるのが表-1.3の **N 値**である．N 値は調査深さの土の強さを反映したもので

・N 値を測定した深さの試料が採取される

・過去のデータの蓄積により，N 値から設計に必要なあらゆる土質定数が推定できる

ことからよく用いられる．

試験装置の概略を図-1.11 に，試験で得た結果を図-1.12 に示す．

2. 土の調査と試験

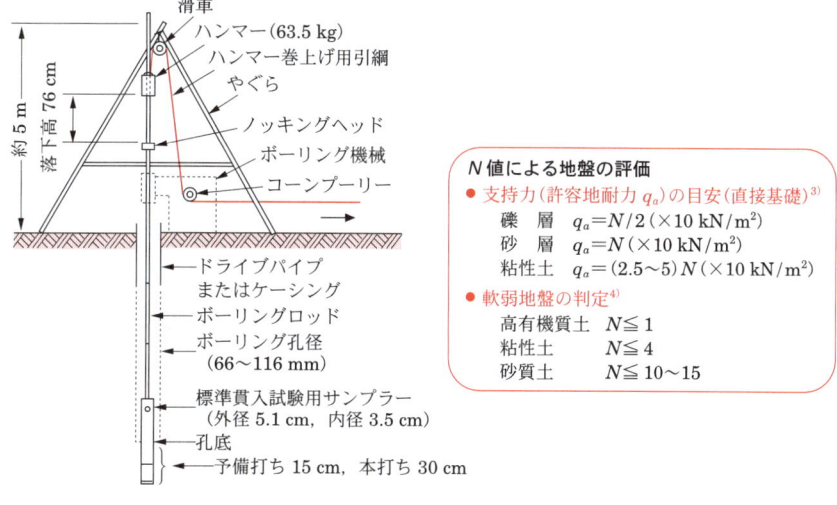

N 値による地盤の評価
- 支持力(許容地耐力 q_a)の目安(直接基礎)[3]
  - 礫 層　$q_a = N/2 \, (\times 10 \, \mathrm{kN/m^2})$
  - 砂 層　$q_a = N \, (\times 10 \, \mathrm{kN/m^2})$
  - 粘性土　$q_a = (2.5 \sim 5) N \, (\times 10 \, \mathrm{kN/m^2})$
- 軟弱地盤の判定[4]
  - 高有機質土　$N \leqq 1$
  - 粘性土　　　$N \leqq 4$
  - 砂質土　　　$N \leqq 10 \sim 15$

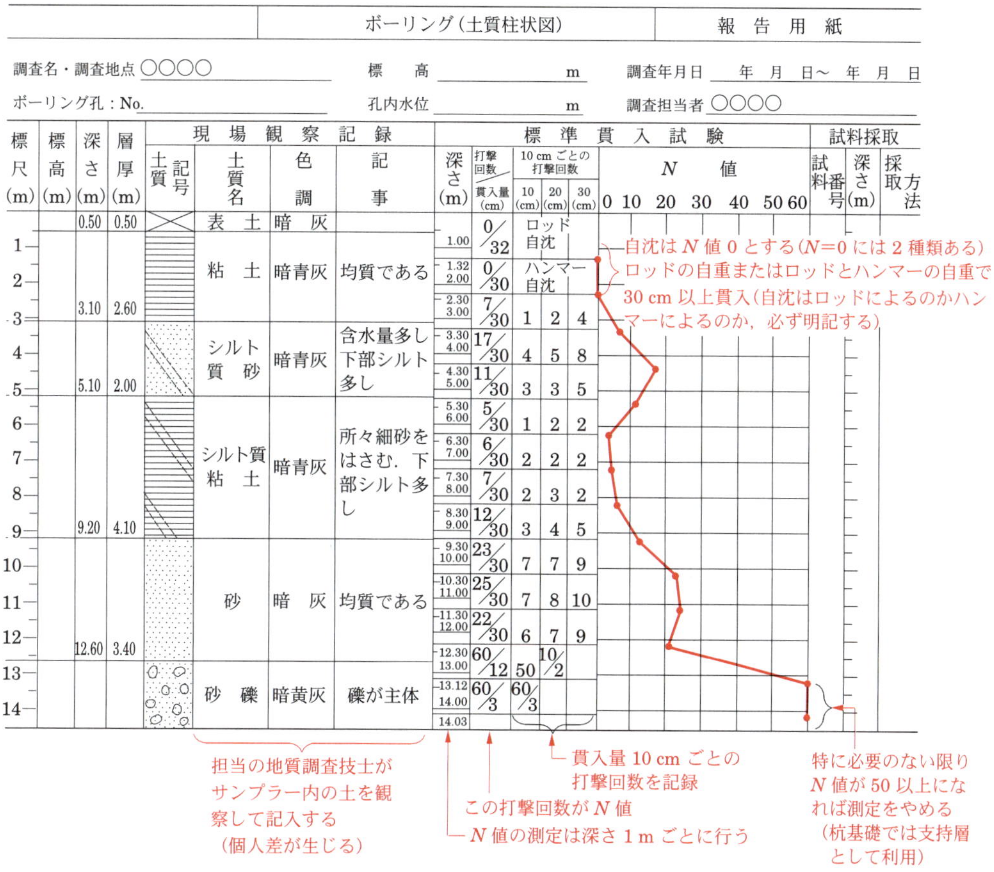

図-1.11　標準貫入試験

図-1.12　標準貫入試験測定結果

2.5 スウェーデン式サウンディング試験

　この試験は，建築分野の小規模建築物（2～3階建て程度まで）調査の標準的な試験となっている．小規模建築物では10m以浅（たいていは5m以浅でよい）の状態がわかれば十分であり，費用と作業性の両面でメリットがあり活用されている．試験装置を図-1.13に，測定結果を図-1.14に示す．

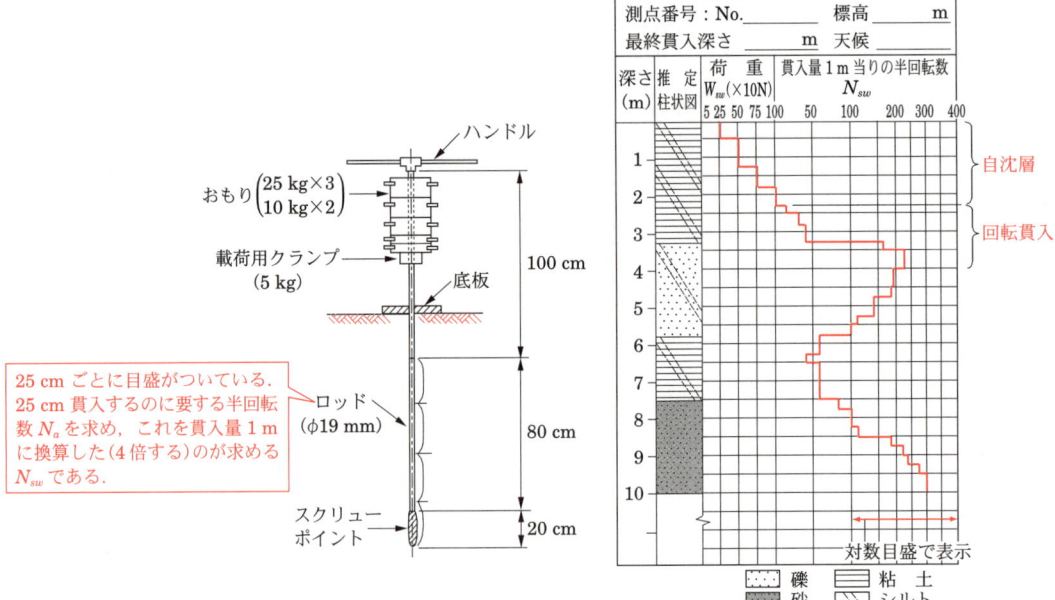

図-1.13 スウェーデン式サウンディング試験装置　　**図-1.14** スウェーデン式サウンディング試験結果

アドバイス

スウェーデン式サウンディング試験結果の利用
（ただし，W_{sw} の単位はN）

1） N 値との関係

　砂質土　$N = 0.002 W_{sw} + 0.067 N_{sw}$

　粘性土　$N = 0.003 W_{sw} + 0.050 N_{sw}$

2） 粘性土の一軸圧縮強さ q_u との関係

　$q_u = 0.045 W_{sw} + 0.75 N_{sw}$　(kN/m²)

3） 地盤の長期許容支持力 q_a との関係

　$W_{sw} \leqq 1\,000\,\text{N}$ の場合

　$q_a = 3 \times 10^{-5} W_{sw}^2$　(kN/m²)

　$N_{sw} > 0$ の場合

　$q_a = 30 + 0.6 N_{sw}$　(kN/m²)

試験結果を用いる場合の注意事項

- 戸建住宅用の地盤調査法として広く利用されている．
（ボーリング調査より格段に低コスト）
- 砂質土，硬質土には不適である．
- 深い位置の地盤特性を把握できない．
- N 値，q_u，q_a との関係は厳密な値ではない．

2.6 サンプリング

土の工学的性質を細かく調べる場合，サンプリングした土試料について室内で土質試験をしなければならない．サンプリングは，求めたい土の性質や土質試験の目的によって，「乱した試料」でもよい場合と「乱さない試料」でなければならない場合がある．

> **アドバイス**
> 乱した試料と乱さない試料の使い分け
> ● **乱した試料**——ボーリングにおいて深さ方向の土層を判別する場合や，土の含水量，土粒子の密度，土の粒度，液性限界・塑性限界など土の物理的性質を求める場合は，乱した試料でよい．
> ● **乱さない試料**——土の強さや変形特性を調べるためには，地盤において土がもつ組織や構造を壊さずに採取した試料が必要である．

土は，大別して砂質土と粘性土に分けられる．乱さない試料の採取は，粘性土では比較的容易に行われるが，砂質土では凍結サンプリング方法などの高度な技術と費用を要する．

乱さない試料の採取は，地表付近では周辺を削りブロック状に採取されるが，深い位置の試料は，ボーリング機械で所定の深さまで削孔し，その後サンプラー（サンプリングチューブ）を取り付けてボーリング孔底下の地盤にそのチューブを押し込み，チューブに入ってくる試料で得られる．

N 値 4 程度以下の軟らかい粘性土に用いるシンウォールサンプリング（必要なボーリング孔径 86 mm）の例を図-1.15 に示す．ごくゆるい砂質土に用いられることもある．

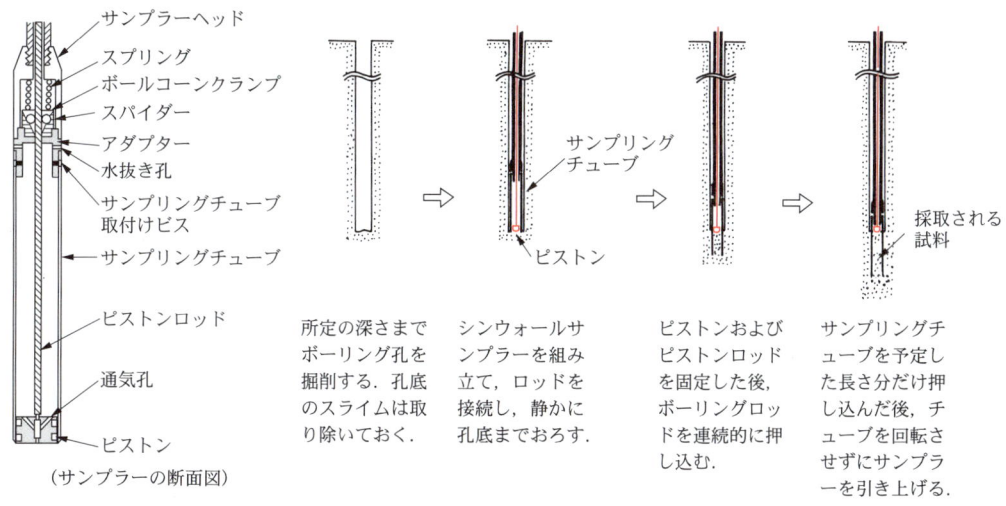

図-1.15 固定ピストン型シンウォールサンプラーによる試料の採取

N 値 4 以上の硬い地盤では，図-1.15 のような単管ではなく，二重管や三重管を用いて最外管で削孔しながらサンプリングしていくロータリー式のサンプリングを利用する．この場合の削孔径は 116 mm である．

2.7 土質試験

室内の土質試験は，図-1.16のように，「土の物理的性質を求める試験」と「土の力学的性質を求める試験」に大きく分けられる．必要に応じて「土の化学的性質を求める試験」を行う．

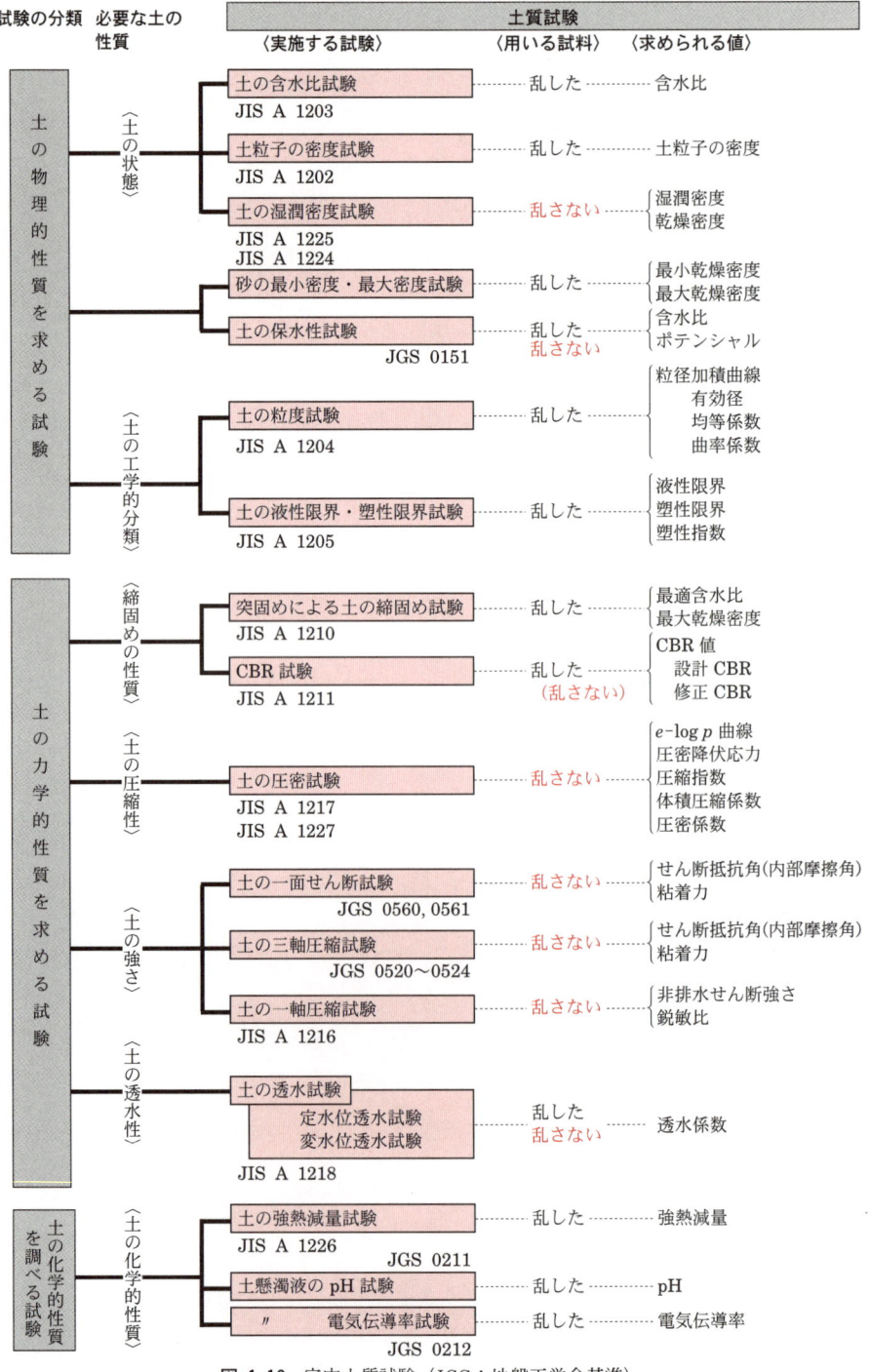

図-1.16 室内土質試験（JGS：地盤工学会基準）

第2章　土の基本的な性質

　自然界で生成され堆積している土は，状態や種類がさまざまである．「土の状態」をみるといっても，人により判断が異なっては困る．医者が患者の状態を知るため体温，脈拍，血圧などを測り数値で判断するのと同様に，技術者が設計・施工のため土に立ち向かうときも土の状態を数値化して把握しなければならない．

　土は，状態だけでなく種類によっても異なる性質を発揮する．それぞれの土に固有な「粒度」とか「コンシステンシー」といった特性値があるので，これらを調べ土の工学的な分類を行う．

　コンクリートや鋼材のような人工的材料は，利用目的に合うように製造でき，必要な材質や強度を自由に選んで設計できるが，土の場合は，状態や種類をつかんで，その範囲内で適切に設計・施工をしなければならない．

　本章では，土の状態の表し方，試験方法，計算方法を説明する．また，土の分類のための「粒度」を求める試験方法と結果の判定，土の「コンシステンシー」を示す特性値の試験方法と結果の評価，それらをもとにした土の工学的な分類方法についても説明する．

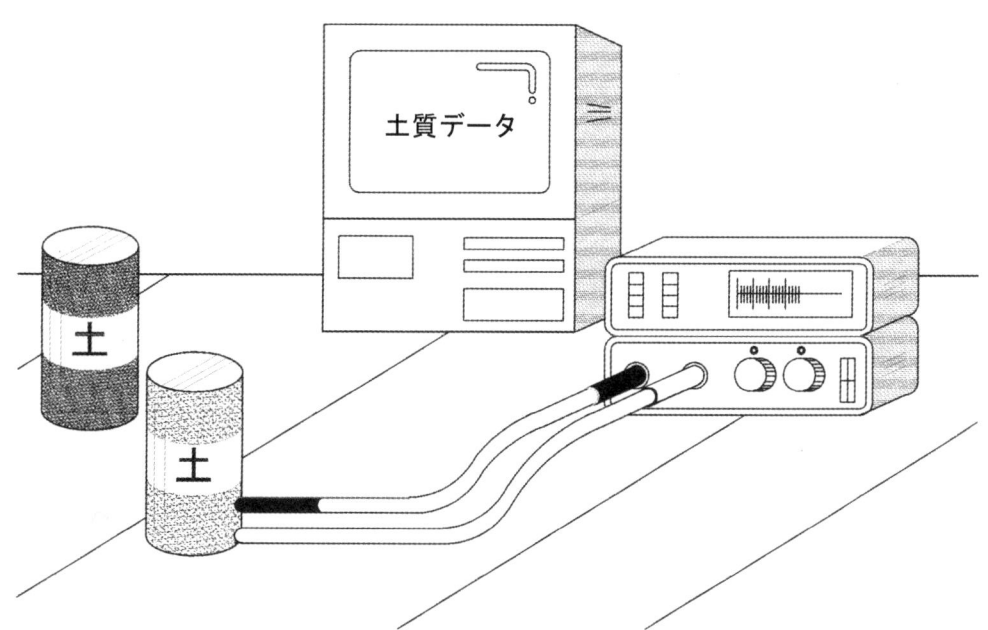

1. 土の状態の表し方・求め方

土は，顕微鏡では複雑にみえるが，どれも土粒子，水，空気で構成されている．これを模型的に表し，各構成部分の体積，質量を求め，相互の関係で土の状態を数値化するのである．

土の状態を表す諸数値は世界共通の基準で表しており，直接試験を行って求めるものと計算して求めるものがある．

1.1 土の状態の基本的な考え方

土は，図-2.1のような構成図で模型的に表される．また土の状態は，各構成部分の体積や質量をそれぞれ求め，相互の関係を数量化して判断することにしている．

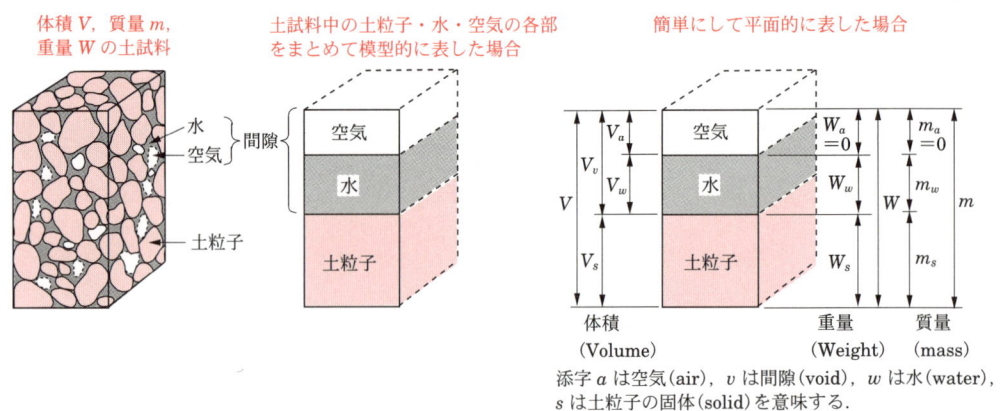

添字 a は空気（air），v は間隙（void），w は水（water），s は土粒子の固体（solid）を意味する．

図-2.1 模型的に表した土の構成図

土の状態を数値化して判断する項目は，図-2.2のように，水の含み具合，土の詰まり具合，間隙の割合の3つで，共通した約束事のもとで測定し計算して表す．

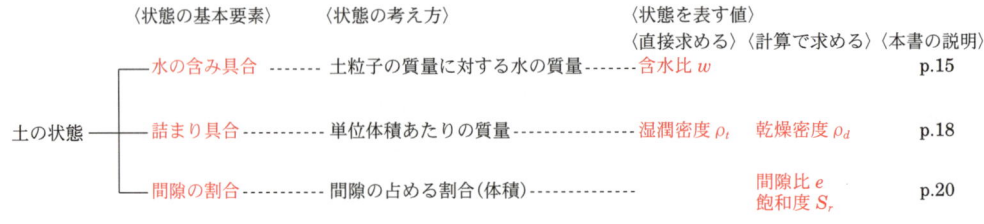

図-2.2 土の状態の基本的な考え方

1.2 土の含水比

土の間隙に含まれる水の量を含水量といい，含水比 w を用いて示す．土の工学的性質は含水比に大きく影響されるので，含水比は土の状態を示す最も基本の値といえる．

含水比 w は，含有水の質量 m_w と土粒子の質量 m_s との比を百分率で表したものである．

$$w = \frac{m_w}{m_s} \times 100 \quad (\%) \tag{2.1}$$

〔**含水比試験**〕（JIS A 1203）

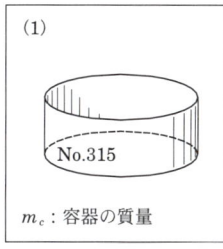
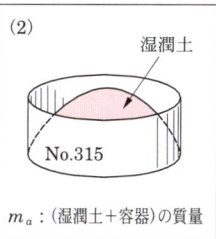
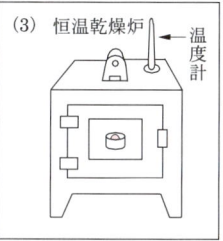
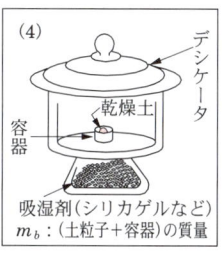

(1) 容器番号を記録し，その質量 (m_c) を測る．あらかじめ使用する容器の番号と質量を表にしておく．

(2) 含水比を求めたい湿潤土（土粒子＋水）を容器に入れ，その全体の質量 (m_a) を測る．

(3) 110℃ に保った恒温乾燥炉で一定質量になるまで乾燥する．一般的には約 24 時間乾燥する．

(4) 乾燥後容器をデシケータに入れ，室温になるまでさまし，（土粒子＋容器）の質量 (m_b) を測る．

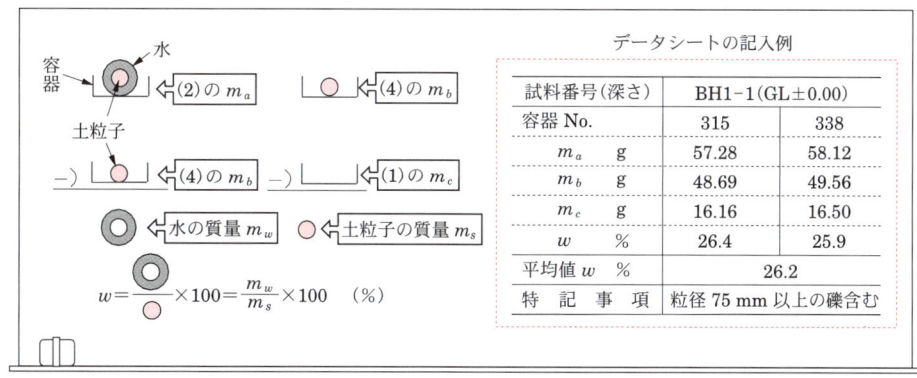

図-2.3 含水比の求め方

1.3 土粒子の密度

土粒子の密度 ρ_s は土を構成する土粒子部分の単位体積あたりの平均質量をいい，次式で表す．

$$\rho_s = \frac{m_s}{V_s} \quad (\text{g/m}^3) \tag{2.2}$$

ここに，m_s：密度試験で得られる土粒子部分の質量 (g)，V_s：密度試験で測定された m_s の体積 (cm³)

この ρ_s は，ふつう 2.65 (g/cm³) 前後の値のものが多い．また，これは間隙比 e，飽和度 S_r，飽和密度 ρ_{sat} を求めるときに必要な値である．

[土粒子の密度試験] (JIS A 1202)

(a) ピクノメータの検定

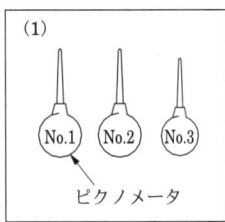
(1) 3個のピクノメータを洗って乾かした後，それぞれの質量（m_f）を測り，それらの番号とともに記録する．

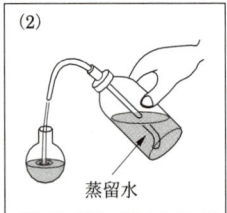
(2) ピクノメータに蒸留水をほぼ満たす．

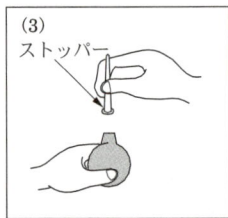
(3) ストッパーでふたをし，水がストッパーの先端まできていることを確かめ，まわりについている水を乾いた布でよく拭き取り，質量（m_a'）を測る．

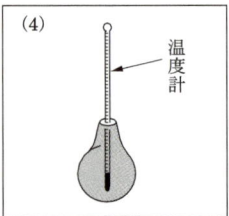
(4) m_a' 測定後ストッパーをとり，ピクノメータ内の水温（$T'℃$）を測る．

(b) 密度試験

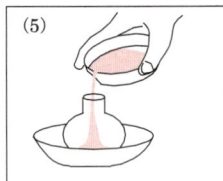
(5) ピクノメータの中の水を捨てた後，2mmふるいを通過した土試料を入れる（入れる量は炉乾燥後の質量が10g以上になるようにする）．

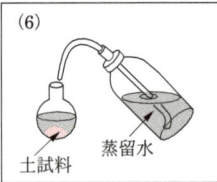
(6) ピクノメータに1/2～2/3程度まで蒸留水を入れる．

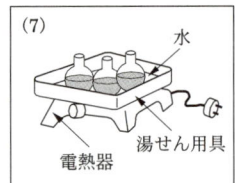
(7) (6)のピクノメータを，電熱器かガスこんろで10分以上静かに煮沸して気泡を追い出す（一般の土で10分以上，できるだけ長いほうがよい）．時々ピクノメータを振って気泡を抜きやすくする．

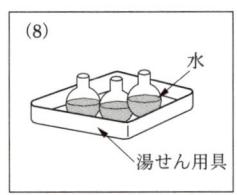
(8) 加熱した土試料が室温になるまでさます．

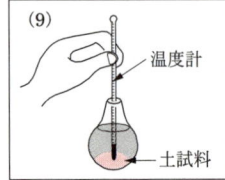
(9) 脱気した蒸留水を，(2)(3)の作業と同じように満たしてまわりの水を拭き取り，質量（m_b）を測る．その後，内容物の温度（$T℃$）を測る．

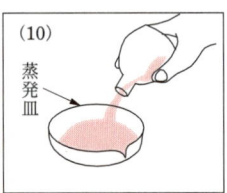
(10) 質量（m_c）のわかっている蒸発皿に，ピクノメータの内容物の全量を移す（移すときはこぼさないように注意する）．

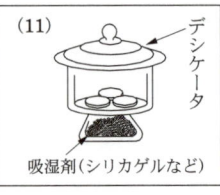
(11) 110℃で24時間以上炉乾燥したらデシケータに入れ，室温までさます．

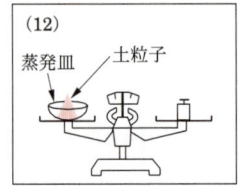
(12) (土粒子＋蒸発皿)の質量（m'）を測る．

(注) ρ_s の測定精度が間隙比の精度に直接きいてくる．質量測定には1mgまで測定できる化学天秤の使用が望ましい．

T'°Cにおける蒸留水を満たしたピクノメータの質量 m_a' が求まっていれば，温度 T°Cの蒸留水を満たしたピクノメータの質量 m_a は次式で求まる（蒸留水の密度は表-2.1による）．

$$m_a = \frac{T\text{°Cにおける水の密度}}{T'\text{°Cにおける水の密度}} \times (m_a' - m_f) + m_f \quad \text{(g)} \tag{2.3}$$

ここに，m_f：ピクノメータの質量（g）

表-2.1 温度 4～30°Cにおける蒸留水の密度 ρ_w (g/cm³)

温度(°C)	蒸留水の密度	温度(°C)	蒸留水の密度	温度(°C)	蒸留水の密度
4	1.000000	13	0.999406	22	0.997800
5	0.999992	14	0.999273	23	0.997568
6	0.999968	15	0.999129	24	0.997327
7	0.999930	16	0.998972	25	0.997075
8	0.999877	17	0.998804	26	0.996814
9	0.999809	18	0.998625	27	0.996544
10	0.999728	19	0.998435	28	0.996264
11	0.999634	20	0.998234	29	0.995976
12	0.999526	21	0.998022	30	0.995678

（b）の密度試験の作業は，ピクノメータに入れた土粒子と同体積の水の質量を求めるためのもの．
（7）の作業で気泡をうまく抜かないと，残った気泡の分だけ土粒子の体積を大きくカウントしてしまい，その分 ρ_s は小さくなる．

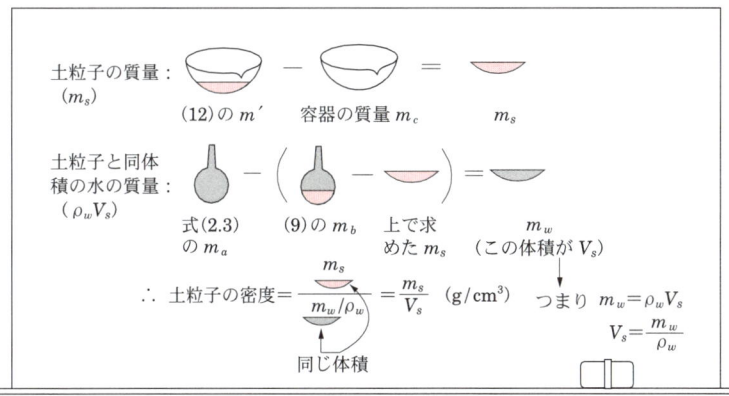

図-2.4 土粒子の密度試験の計算手順

アドバイス

土粒子の ρ_s は構成する鉱物の密度を反映

土粒子生成のもとの岩石は多くの鉱物（造岩鉱物という）でできており，土粒子の密度は構成する鉱物の密度を反映したものとなっている．主な造岩鉱物の測定例は次のとおりである[5]．

石英	2.65～2.66	かんらん石	3.2～3.5	黒雲母	2.8～3.2
正長石	2.54～2.57	輝石	3.1～3.5	白雲母	2.7～3.1
斜長石	2.62～2.76	角せん石	3.0～3.3		（単位：g/cm³）

1.4 土の密度と単位体積重量

(1) 湿潤密度と乾燥密度

間隙中の水を含めた土の単位体積あたりの質量を土の**湿潤密度**という．

湿潤密度 ρ_t は，測定された土の質量 m を全体積 V で割って求める．

$$\rho_t = \frac{m}{V} \quad (\text{g/cm}^3) \tag{2.4}$$

湿潤密度を重量で考えた場合を土の**湿潤単位体積重量**という．湿潤密度に対し，間隙にいくら水があっても単位体積あたりの土粒子の質量だけを考える密度を**乾燥密度** ρ_d という．乾燥密度 ρ_d は，土粒子の質量 m_s を土の全体積 V で割って求める．

$$\rho_d = \frac{m_s}{V} \quad (\text{g/cm}^3) \tag{2.5}$$

乾燥密度を直接求めることはできない．通常，湿潤密度 ρ_t を測定し，あわせてその試料の含水比 w を測定して次式から求める．

$$\rho_d = \frac{\rho_t}{1 + \dfrac{w}{100}} \quad (\text{g/cm}^3) \tag{2.6}$$

アドバイス

乾燥密度は土を乾燥したときの密度ではない．間隙に水があっても，単位体積あたりの土粒子のみの質量を考えた密度である．

式(2.6)は，式(2.4)と式(2.1)から導かれた次式の関係から得られる．

$$\rho_t = \frac{m}{V} = \frac{m_s + m_w}{V} = \frac{m_s}{V}\left(1 + \frac{m_w}{m_s}\right) = \rho_d\left(1 + \frac{w}{100}\right)$$

ここで，土の質量 m は，はかりがあれば精密に測定できる．土の全体積 V は，円柱体や立方体に整形できる場合は簡単に測定できるが，整形できないかたまりの試料では存在する形状の体積測定が必要となる．土供試体の体積測定法を表-2.2に示す．

土が締まったかどうかは ρ_d でないと判定できない．あいている間隙にどれだけ土粒子を詰め込むかが締固めの作業であり，間隙に水が増えると大きくなる ρ_t では土が締まったかどうかの判定はできない．

1. 土の状態の表し方・求め方

表-2.2 かたまりとして存在できる土の体積測定方法と体積の求め方

測定方法の種類	形成法		液浸法
	ノギス法	テープ法	パラフィン塗布法
適用できる土質	成形が可能な粘着性のある土質に適用．乱さない粘性土試料の力学試験（第5章，第6章）の際，その供試体に一般的に用いる．	ノギス法で測定しにくい軟らかい粘性土試料を円柱形供試体に成形する場合．	自然状態の乱さない塊状であれば測定できる．
測定方法の概略と体積Vの計算	直径D、ノギス、H 体積 $V=\dfrac{\pi}{4}D^2 H$ (cm³) D：平均直径（上，中，下で測定）(cm) H：平均高さ (cm)	テープ、H、円周の長さl、$D=\dfrac{l}{\pi}$	供試体の湿潤質量mを測定．別途，残りの同じ試料で含水比を測定しておく． パラフィン塗布後m_1 パラフィン塗布後の質量m_1を測定． mを測定した試料 パラフィン液 質量を測定した試料をパラフィン液に浸し，試料にパラフィン皮膜をつくる． 温度T(℃) 水中における質量m_2を測る． 体積 $V=\dfrac{m_1-m_2}{\rho_w}-\dfrac{m_1-m}{\rho_p}$ (cm³) ρ_w：水の密度 (g/cm³) ρ_p：パラフィンの密度 (g/cm³)

> **アドバイス**
>
> **ラジオアイソトープを利用した測定**
>
> 放射性同位元素（ラジオアイソトープ，略してRI）を利用することで湿潤密度と含水比を測定する方法である．この方法はRIのガンマ線と中性子線を用いるもので，線源から出されたガンマ線や中性子線を近くの検出器で測定する．土の湿潤密度が大きいと検出されるガンマ線は少なくなり，中性子は含水量が大きくなると測定される熱中性子が多くなる．この関係を利用して，線源と検出器の間にある土の湿潤密度，含水比を，測定されるガンマ線と熱中性子から推定する．RI器は精度が比較的よいためよく用いられる．
>
>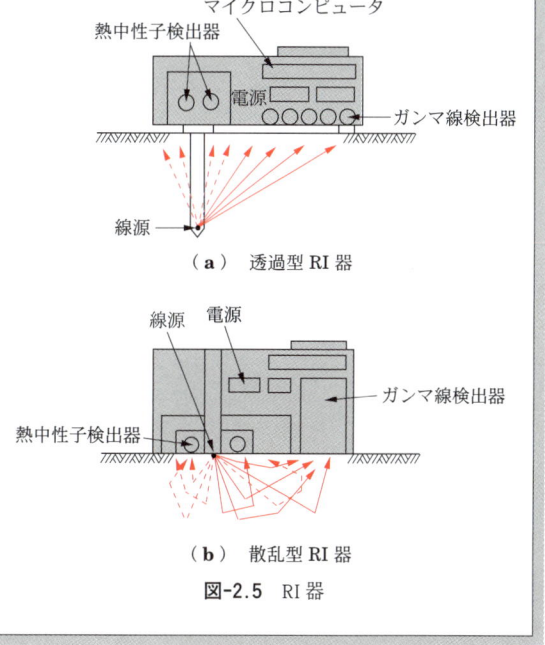
>
> （a） 透過型RI器
>
> （b） 散乱型RI器
>
> **図-2.5** RI器

（2） 設計に必要な単位体積重量

室内や現場で直接測定されるのは湿潤密度である．ところが，設計や施工では質量でなく重量で考えることが多い．湿潤密度 ρ_t を重量で表した場合を土の湿潤単位体積重量 γ_t という．密度を ρ，単位体積重量を γ で表す．

$$\text{湿潤単位体積重量}\quad \gamma_t = \rho_t g = \frac{W}{V} = \frac{mg}{V} \quad (\text{N/m}^3,\ \text{kN/m}^3) \tag{2.7}$$

ここに，g：重力の加速度（本書では $9.8\,\text{m/s}^2$ を用いる），W：質量が m で，その体積が V の土の重量（N）

湿潤単位体積重量 γ_t は，土の重量が必要な設計や，土圧・支持力の計算などに必要である．設計に用いられる γ_t は，土がおかれた条件により呼び名が異なり，地下水位下にあれば浮力も考えなければならない．これらを図-2.6 で説明する．

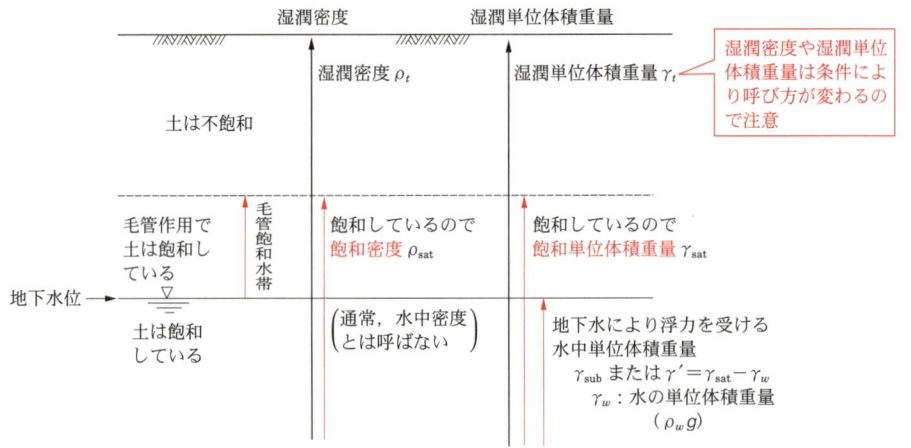

図-2.6 湿潤密度，湿潤単位体積重量の呼び方

1.5　間隙比・間隙率と飽和度

土の中に占める間隙部分の割合は，間隙比，体積比，間隙率を用いて表す．図-2.1 を参考に，図-2.7 に示すように，**間隙比** e は土粒子部分の体積 V_s に対する間隙の体積 V_v との比で表す．

$$e = \frac{V_v}{V_s} \tag{2.8}$$

e に対し，土粒子の体積 V_s に対する土全体の体積 V の割合を表すのに体積比 f が用いられる．

$$f = \frac{V}{V_s} = \frac{V_s + V_v}{V_s} = 1 + e \tag{2.9}$$

e や f は，間隙体積の変化が問題となる圧密沈下（第 5 章）を考えるときに必要な値で，土の力学的な性質が土の間隙体積と関係する場合（例えば第 4 章のクイックサンド現象）に大切な値となる．e や f は土粒子の体積に対する割合であったが，土全体の体積 V に占める間隙体積 V_v

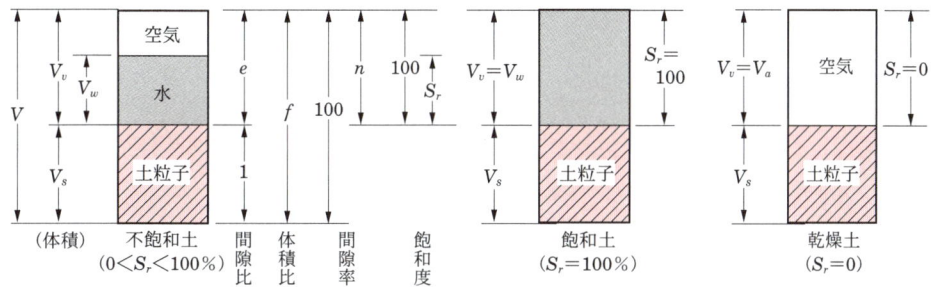

図-2.7 間隙の割合を表す定数

の割合を表すのに**間隙率** n が用いられる．

$$n = \frac{V_s}{V} \times 100 \quad (\%) \tag{2.10}$$

水の浸透は土中の間隙をぬって進むことから，透水を考えるときこの値を利用することもある．e と n の関係は次のようになる．

$$n = \frac{V_v}{V} \times 100 = \frac{V_v}{V_s + V_v} \times 100 = \frac{V_v/V_s}{1 + V_v/V_s} \times 100 = \frac{e}{1+e} \times 100 \tag{2.11}$$

これらとは別に，間隙のなかで水の占める割合を表すのに**飽和度** S_r が用いられ，次式で示さ

> **アドバイス**
>
> **砂と粘土の一般的な間隙比の範囲**
>
> 詰まってみえる土も，意外に大きな間隙をもつことがわかる．最もゆるい砂よりも硬い粘土のほうが大きな間隙をもっており，地盤の沈下を考えるうえで大きな意味をもつ．
>
>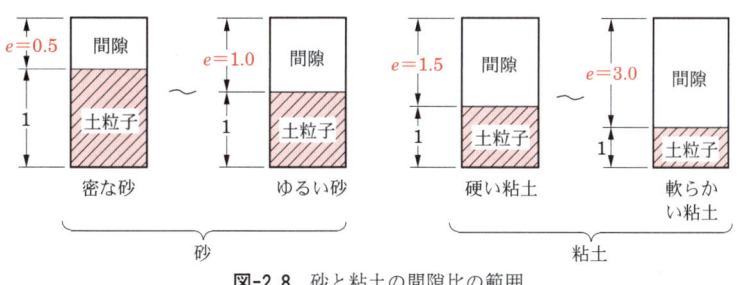
>
> **図-2.8** 砂と粘土の間隙比の範囲

> **アドバイス**
>
> **砂の相対密度 D_r**
>
> ある砂の間隙比を e（乾燥密度を ρ_d）としたとき
>
> $$D_r = \frac{e_{\max} - e}{e_{\max} - e_{\min}} \times 100 = \frac{1/\rho_{d\min} - 1/\rho_d}{1/\rho_{d\min} - 1/\rho_{d\max}} \times 100 \quad (\%) \tag{2.12}$$
>
> で与えられる．
> ここに，$e_{\min}$，$\rho_{d\max}$：この砂を最もよく締め固めたときの間隙比および乾燥密度(g/cm³)，$e_{\max}$，$\rho_{d\min}$：砂を最もゆるく詰めたときの間隙比および乾燥密度(g/cm³)．
> ある砂が最も密に詰められていれば，e はその砂の $e_{\min}$ となり，$D_r = 100\%$ となる．最もゆるい状態は $D_r = 0\%$ である．

$$S_r = \frac{V_w}{V_v} \times 100 \quad (\%) \tag{2.13}$$

間隙のすべてが水で満たされていれば，S_r は 100% で飽和土となる．地下水位下にある土は普通飽和しており，その状態を図-2.7 にあわせて示す．

1.6 土の状態を表す諸量の計算

土の状態を表す諸量のなかで直接測定される値は，含水比 w，湿潤密度 ρ_t，土粒子の密度 ρ_s の 3 つである．これら以外の間隙比 e，飽和度 S_r，種々の状態の密度などは，測定された 3 つの値から次式を用いて計算により求める．

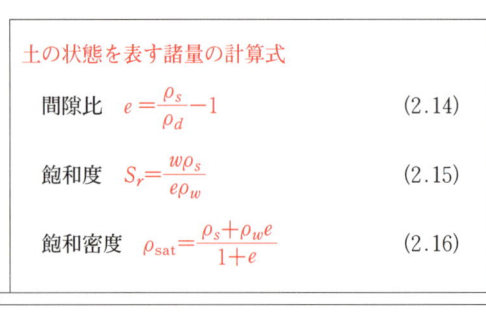

これらの状態を表す諸量の計算手順を図-2.9 で説明する．

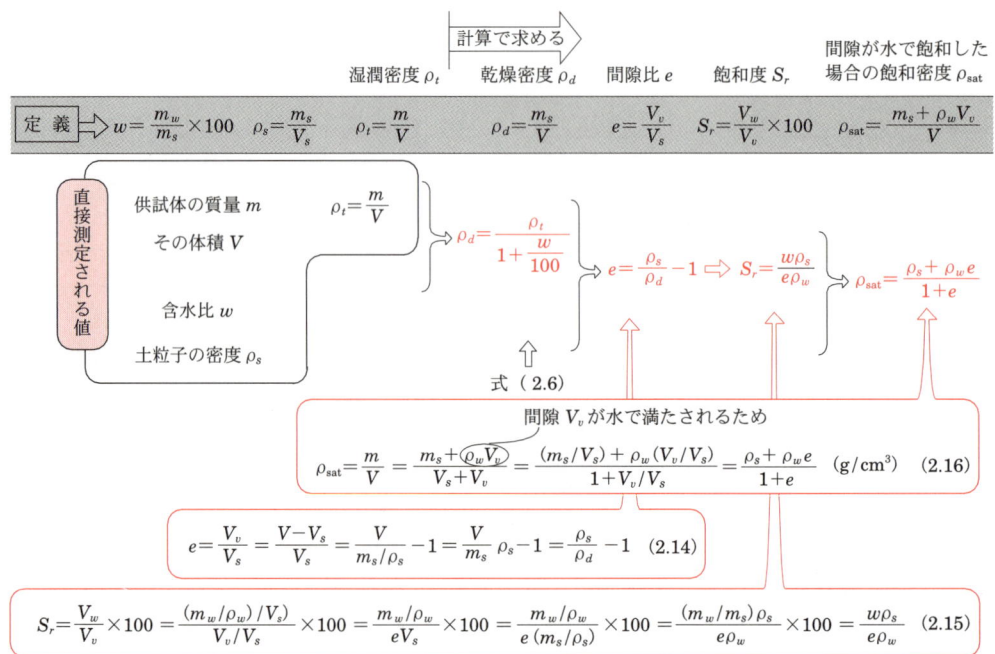

図-2.9 測定された値から土の状態を表す諸量の計算手順

設計計算では，地下水位下にある水中単位体積重量 γ' がしばしば必要となる．このとき，まず飽和単位体積重量 γ_{sat} を求めてから γ' を計算する．

地下水位下にある土は原位置では飽和しているが，サンプリングした試料で湿潤密度 ρ_t を測定すると不飽和状態を示す．そのため，図-2.9の手順でまず e を求め，その状態の土が飽和したときの飽和密度 ρ_{sat} を計算する．すると，飽和単位体積重量 γ_{sat} は次式で得られる．

$$\gamma_{sat}=\rho_{sat}g=\frac{\rho_s+\rho_w e}{1+e}g \quad (\text{N/m}^3,\ \text{kN/m}^3) \qquad (2.17)$$

この土が地下水位下にあれば浮力を受けるので，土粒子の体積と同体積の水の重量分だけ軽くなる．間隙の水は地下水と通じているので，水中単位体積重量 γ' は γ_{sat} から水の単位体積重量 $\gamma_w(=\rho_w g)$ を差し引いて求める．

$$\gamma'=\gamma_{sat}-\gamma_w=\rho_{sat}g-\rho_w g=\frac{\rho_s-\rho_w}{1+e}g \quad (\text{N/m}^3,\ \text{kN/m}^3) \qquad (2.18)$$

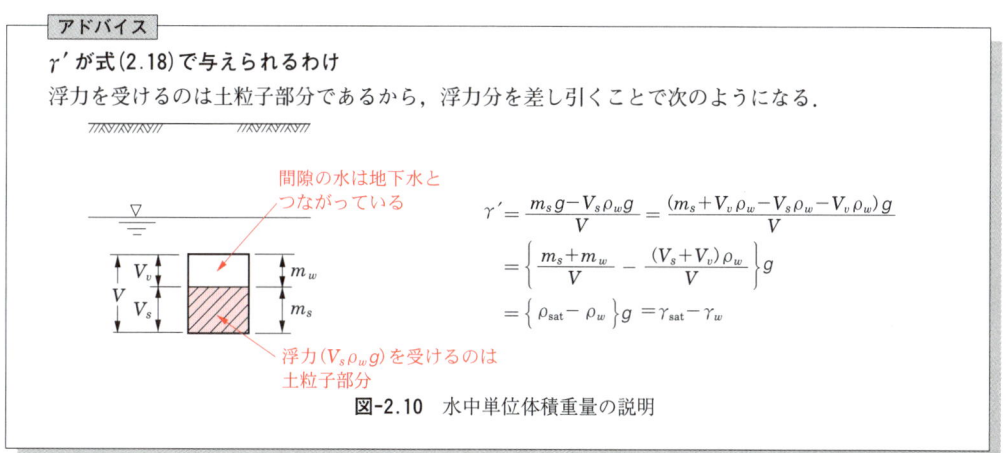

図-2.10 水中単位体積重量の説明

なお，日本の土の状態を表す諸量値と代表値の構成は表-2.3のようである．

表-2.3 日本の土の状態を示す諸量値と代表値の構成[6]

	沖積土		洪積土	関東ローム	有機質土
	粘性土	砂質土	粘性土		
湿潤密度 ρ_t (g/cm³)	1.2〜1.8	1.6〜2.0	1.6〜2.0	1.2〜1.5	0.8〜1.3
乾燥密度 ρ_d (g/cm³)	0.5〜1.4	1.2〜1.8	1.1〜1.6	0.6〜0.7	0.1〜0.6
含水比 w (%)	30〜150	10〜30	20〜40	80〜180	80〜1200

$w=80\%$
$\rho_s=2.65\ \text{g/cm}^3$
$e=2.12$
沖積粘土

$w=20\%$
$\rho_s=2.70\ \text{g/cm}^3$
$e=0.54$
砂質土

$w=600\%$
$\rho_s=1.50\ \text{g/cm}^3$
$e=9.00$
泥炭

2. 土の粒度とコンシステンシー

土の固有の性質を表すものとして，粒度とコンシステンシーがある．粒度は，土粒子の粒径別の含有割合をいい，粒度試験を行って求める．コンシステンシーは，含水量の多少により軟らかくなったり硬くなったりする外力に対する抵抗のしかたが異なる性質をいい，液性限界試験，塑性限界試験を行って評価する．

同じにみえるような土でも，粒度とコンシステンシーは異なるため，これらの数値を土の工学的分類や力学的性質の推定に利用する．

2.1 土の粒度

一般に，土は大小の土粒子が混じり合ってできており，土粒子も礫や砂などのように粒径の大きなものから粘土粒子のように非常に小さなものまである（図-1.5 参照）．

採取した土の粒度がわかれば，砂質土か粘性土かという分類に役立つ．特に砂質土の場合，力学的性質が粒度構成に支配されるため，粒度は重要な意味をもつ．砂質土の工学的な分類は粒度をもとにして行われる．

粒度を調べるには，ふるいを用いる方法が最も簡単であるが，ふるいの実用上の最小目盛は 75 μm である．図-1.5 の砂や礫の粗粒分はふるいで粒度分析を行えるが，75 μm より小さなシルトや粘土の細粒分はふるいが使えないため，沈降分析による方法を用い，測定結果を計算して粒径と含有割合を推定する．

(1) 粒度試験

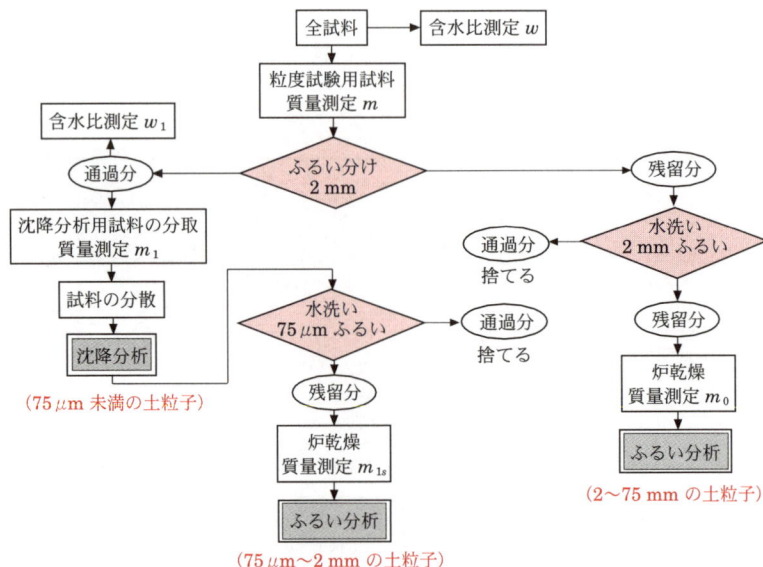

図-2.11 粒度試験の順序

2. 土の粒度とコンシステンシー　25

試験は図-2.11 に示すように，2 mm より大きい粒子はふるい分析，小さい粒子はいったん沈降分析を行った後，そのなかの 75 μm より大きな粒子についてふるい分析する．結果は粒径加積曲線で示される．

[土の粒度試験]　（JIS A 1201, 1204）

（a）粒度試験のための試料の調整　（JIS A 1201, 1204）

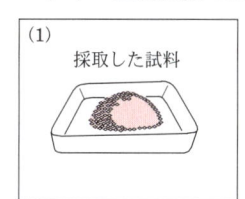

(1) 採取した試料

(2)

(3)

(4) 必要最少質量の目安

最大粒径 (mm)	75	37.5	19	4.75	2
最少質量の目安 (kg)	20	6	1.5	0.4	0.2

(1) 試料の最大粒径によって必要な最少質量は決められている．空気乾燥により固結化する試料は，沈降分析に湿潤試料を用いる．

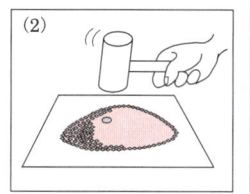

(2) 試料を十分に空気乾燥した後，かたまりを木槌などで解きほぐす．

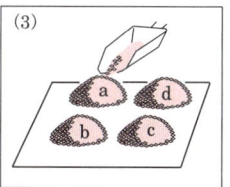

(3) 四分法により試料を4つに分ける．対角線上のaとcを混ぜ合わせて，必要量より多すぎれば同じ作業を何回か繰り返す．

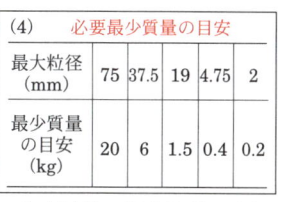

(4) 試料の最大粒径に応じて，必要最少質量の目安を参考に試料を分取する．

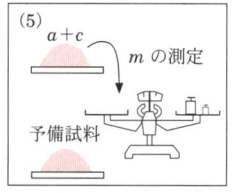

(5) $a+c$ ／ m の測定 ／ 予備試料

(6) 予備試料 ／ w の測定

(7) 2 mm

(5) (3) で分取した試料が必要量に達したら，粒度試験に用いる全試料の質量 m を測る．

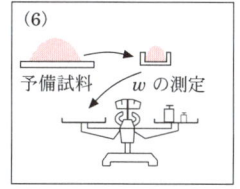

(6) 予備試料で含水比 w を測定する．粒度試験に用いる乾燥質量は $m_s = m/(1+w/100)$ で得られる．

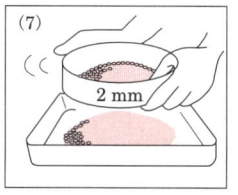

(7) 2 mm ふるいでふるい分ける．通過した試料は沈降分析用に用いる．

(8) 沈降分析用試料の準備
(7) で 2 mm ふるい通過試料から
砂質土 115 g　シルト，粘土質土 65 g
（うち 15 g は含水比測定に用いる）

(9) 水洗い

(10) 炉乾燥

(8) 沈降分析用として，砂質土で最少 115 g，シルトまたは粘土質土で最少 65 g が必要である．これには含水比試験のための 15 g を含む．

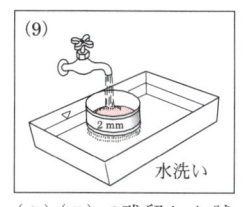

(9) (7) で残留した試料を 2 mm ふるいで水洗いし，ふるい上の試料を手でかくはんし，細粒子を洗い出し，ほうろうバットで受けた水が透明になるまで水洗いする．

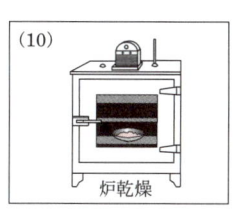

(10) (9) で残留した試料については水洗いした後，炉乾燥して質量を測り，2 mm ふるい残留試料の粒度試験 (ふるい分け) に用いる．

(b) 2mmふるい残留試料における粒度試験 (JIS A 1204)

(1) 試料の質量を測る図

(2) ふるい（53mm, 37.5mm, 26.5mm, 19mm, 9.5mm, 4.75mm）と受け皿

(3) （全体の質量2 000g）

ふるいの呼び径(mm)	各ふるいの残留試料(g)	残留率(%)	加積残留率(%)	通過質量百分率(%)	
75	0	0	0	100	
53	0	0	0	100	
37.5	0	0	0	100	
26.5	0	0	0	100	礫
19	140	7	7	93	
9.5	320	16	23	77	
4.75	260	13	36	64	
2	320	16	52	48	

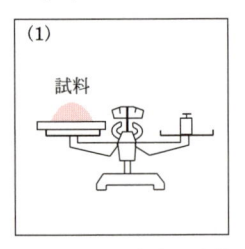

(1) p.25の(10)で準備された試料の質量を測る.

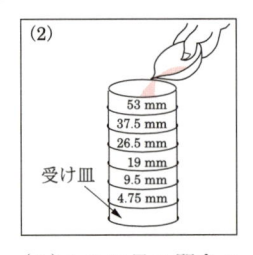

(2) ふるい目の開きの小さい順に重ねた後、試料を入れ、上下と水平に十分振動させる.各ふるいおよび受け皿に残留した試料の質量を測る.

(3) 各ふるいごとに残留した試料の質量百分率を全試料に対して求める.次に、各ふるいを通過する試料の質量百分率を全試料に対して求める.

(c) 2mmふるい通過試料における粒度試験 (JIS A 1204)

(1) (a)の(8)で準備試料 → 沈降分析用／含水比測定用

(2) 土粒子の密度 ρ_s の測定（JIS A 1202）
液性限界・塑性限界（JIS A 1205）の測定
塑性指数 I_p の計算

(3) (2)から $I_p \geq 20$ YES → (4)へ進む
NO → 試料をビーカーに入れ、試料が完全に浸るまで蒸留水（200 ml以上）を加えながら一様にかき混ぜる.
(6)へ進む

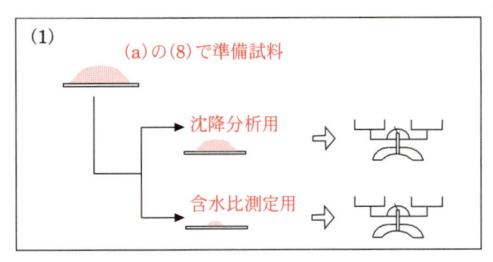

(1) (a)の(8)で準備された試料から15gほど取り出し含水比を測定する.残りの試料は沈降分析に用い、試料の質量を測定する.

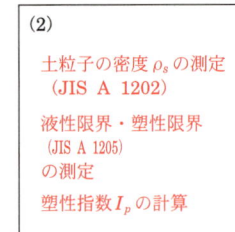

(2) 予備試料を用いて土粒子の密度も測定しておく.コンシステンシー限界試験は空気乾燥しない試料を用いて測定する(p.31).

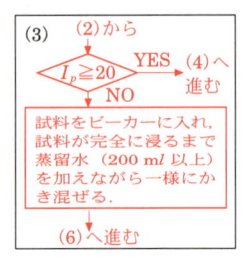

(3) I_p が20以上の場合は(4)の作業へ進む.20未満の場合は(4)、(5)の作業は行わず、(6)の作業へ進む.

(4) 6%の過酸化水素水、試料、500mlのビーカー

(5) 恒温乾燥炉、温度計

(6) ビーカー、分散容器

(7) かくはん装置、分散容器

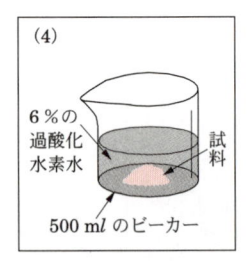

(4) 試料をビーカーに入れ、試料が完全に浸るまで6%の過酸化水素水の溶液100 mlを加え一様にかき混ぜる.

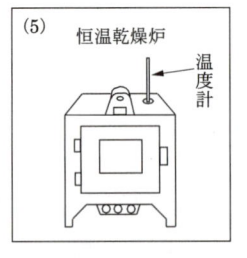

(5) ガラス板などでビーカーのふたをし、110℃の炉の中に1時間入れる.その後炉から取り出し、100 mlの蒸留水を加える.

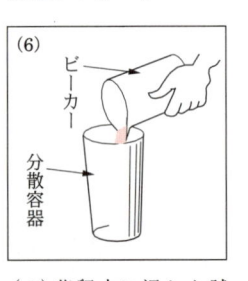

(6) 蒸留水に浸した試料を15時間以上放置した後、分散容器に注ぎ、さらに蒸留水を加える.このとき、試料の綿毛化を防ぐため分散剤の溶液10 mlを加える.

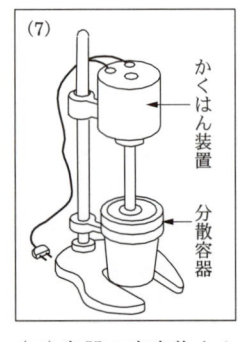

(7) 容器の内容物をかくはん装置で1分間かき混ぜる.分散剤として、ヘキサメタリン酸ナトリウム約20gを20℃の蒸留水100 mlに溶かし、結晶の一部が容器の底に残っている状態の飽和溶液を用いる.

2. 土の粒度とコンシステンシー

(8) 分散後内容物をメスシリンダーに移し,恒温水槽とほぼ同じ温度の蒸留水を全量が $1l$ になるまで加える.

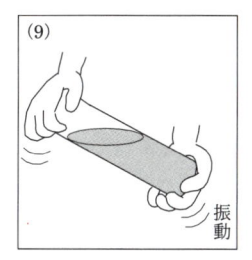

(9) 懸濁液が水槽の温度と等しくなったとき,メスシリンダーを取り出し,その口にふたをして,1分間十分に振動させる.

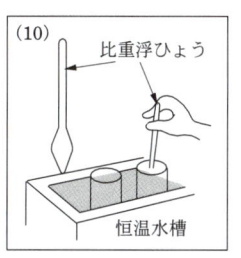

(10) 振動終了後メスリンダーを水槽中に入れ,1, 2, 5, 15, 30, 60, 240, 1 440 分の各時間の比重浮ひょうの読みを取る.

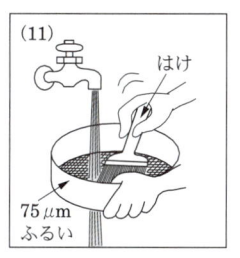

(11) メスシリンダーの内容物を $75\mu m$ ふるいの上で水洗いする.

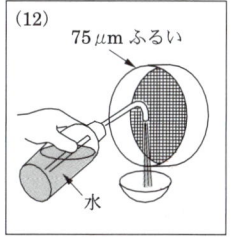

(12) ふるいに残った試料を蒸発皿に移した後,炉乾燥する.

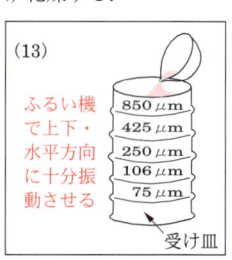

(13) (12)で炉乾燥した試料をふるい分け,各残留分の質量を測る.

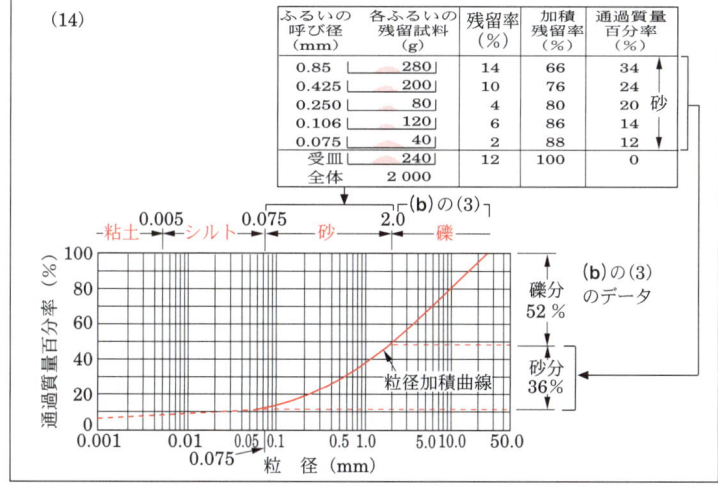

(14)

ふるいの呼び径 (mm)	各ふるいの残留試料 (g)	残留率 (%)	加積残留率 (%)	通過質量百分率 (%)
0.85	280	14	66	34
0.425	200	10	76	24
0.250	80	4	80	20
0.106	120	6	86	14
0.075	40	2	88	12
受皿	240	12	100	0
全体	2 000			

(砂: 0.425〜0.075の範囲)

粘土 — 0.005 — シルト — 0.075 — 砂 — 2.0 — 礫

(b)の(3)のデータ
礫分 52 %
砂分 36 %

粒径加積曲線

(14) (13)の2 mmふるい通過試料のふるい分けを行った後,結果の整理をする. (b)の(3), (c)の(13)の結果を全試料質量に対して通過質量百分率を求め,横軸にふるいの呼び径で与えられる粒径との関係を,粒径を対数目盛にとって粒径加積曲線を描く.

アドバイス

沈降分析では比重の変化から粒径を計算

所定の量の試料を一定量の水に混ぜ,濁り水(懸濁液という)をつくり,時間的な比重の変化を測定し,粒径と通過質量百分率の関係をストークスの法則を用いて計算で求める.

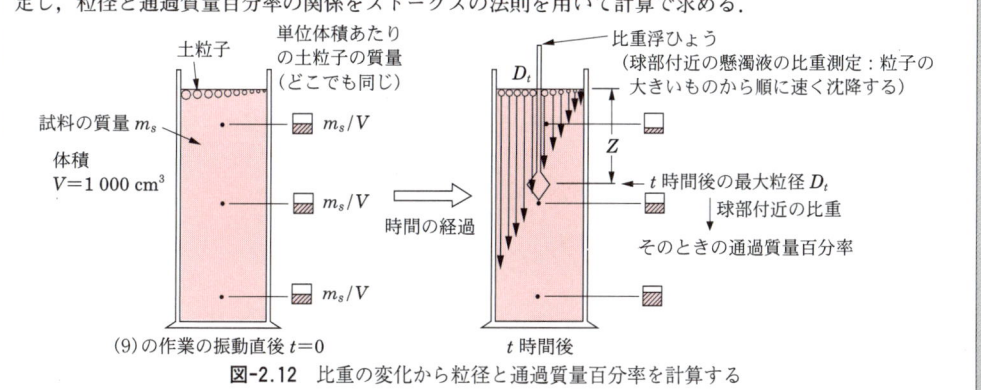

試料の質量 m_s
体積 $V = 1\,000\,cm^3$
単位体積あたりの土粒子の質量(どこでも同じ) m_s/V

(9)の作業の振動直後 $t=0$

比重浮ひょう(球部付近の懸濁液の比重測定:粒子の大きいものから順に速く沈降する)

t 時間後の最大粒径 D_t
球部付近の比重
そのときの通過質量百分率

t 時間後

図-2.12 比重の変化から粒径と通過質量百分率を計算する

（2） 粒度試験結果の表示

粒度試験の結果から**粒径加積曲線**を描く．これは，粒度試験の（b）の（3），（c）の（14）で得られた結果を粒径を横軸に対数目盛で，通過質量百分率（その粒径以下の土粒子の質量の全試料に対する質量百分率）を縦軸に普通目盛でとって描くもので，図-2.13 は代表的な曲線である．

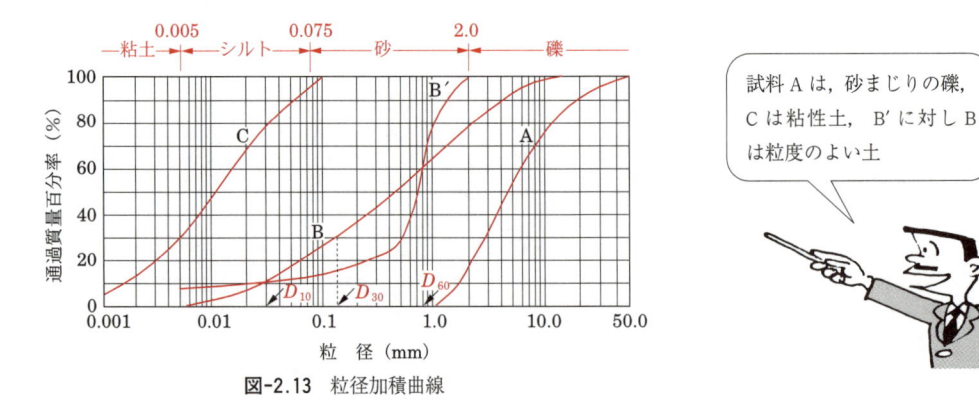

図-2.13 粒径加積曲線

試料 A は，砂まじりの礫，C は粘性土，B′ に対し B は粒度のよい土

得られた粒径加積曲線から，縦軸の通過質量百分率 10％，30％，60％のときの粒径 D_{10}，D_{30}，D_{60}（mm）を読み取り，次の係数を求めて粒度の判定を行う．

有効径 D_{10} 　通過質量百分率 10％の粒径を特にこう呼ぶ．試料に含まれる細粒分の大きさがどの程度か，この値で判定する．

> ・粗粒土では含まれる細粒分の大きさが，水の通しやすさを（透水性という．第3章で説明）を支配する．そのため，土の透水性（透水係数で表す．第3章で説明）の推定に用いられる．

均等係数 U_c 　粒径加積曲線の傾きを判定する．

$$U_c = \frac{D_{60}}{D_{10}} \tag{2.19}$$

> ・傾きが緩やかであれば，いろいろな粒径の土粒子をまんべんなく含み，締め固めた場合によく締まることから，粒度のよい土と判定できる．
> ・普通座標における傾斜角の意味ではない．横軸が対数目盛であるから，通過質量百分率 10％と 60％の 2 点を指定すれば，その間の水平距離により傾きが判定できる．2 点間の水平距離＝$\log D_{60} - \log D_{10} = \log D_{60}/D_{10}$ となり，粒径の比で置き換えられる．
> ・粒度がよいか悪いかは，U_c が 10 より大きいか小さいか（D_{60} と D_{10} の 2 点間の長さが横軸の対数目盛 1 サイクル分より長いか短いか）で判定し，大きいと粒度がよいとされる．

曲率係数 U_c' 　粒径加積曲線のなだらかさを判定する．

$$U_c' = \frac{(D_{30})^2}{D_{10} \times D_{60}} \tag{2.20}$$

> - 試料 B と B′ は，U_c が同じでも B′ は粒度がよいといえない．そのため，D_{60} と D_{10} の中央点と通過質量百分率 30％の粒径 D_{30} の位置の離れ具合から，曲線のなだらかさを判定しようとするものである．
> - $U_c' = 1 \sim 3$ であれば粒度はよいものとする．つまり，U_c と U_c' の両方の条件で粒度を判定する．表-2.4 は判定の指標をまとめたものである．

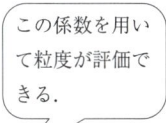

（この係数を用いて粒度が評価できる．）

表-2.4 土試料の粒度分布の判定

粒度分布のよい土	粒度分布の悪い土	粒度の特性
$U_c \geq 10$ $1 < U_c' \leq \sqrt{U_c}$	$U_c < 10$	均等粒径
	$U_c \geq 10$ $U_c' \leq 1$	階段状粒度
	$U_c \geq 10$ $U_c' > \sqrt{U_c}$	

平均粒径 D_{50}　通過質量百分率 50％の粒径をいう．砂が液状化（第 6 章 **3.2（3）** で説明）するかどうかの判定に活用される．

（3） 粒度による土の分類

粒度試験の結果をもとに，土試料に含まれる礫分，砂分，細粒分の含有割合から土の大まかな分類が行われる．分類は図-2.14 の三角座標を用い，座標上の位置によって分類名を決める．

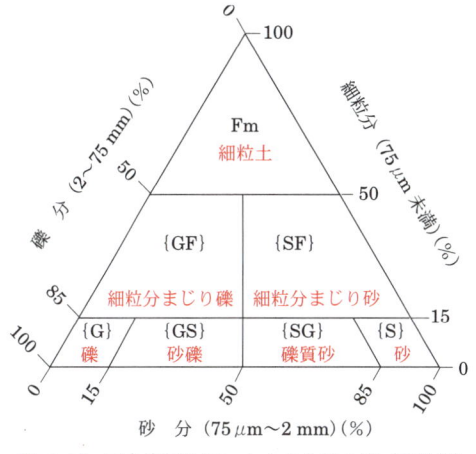

（図-2.23 の粗粒土の中分類は，この図を使ってもできる．）

図-2.14　三角座標を用いた土の分類の例（中分類）

アドバイス
図-1.12 に示した柱状図に示される土質名は，標準貫入試験を行った現場担当者が経験に基づいて分類したもので，土の通称名をつけたにすぎない．図-2.14 の分類とは本質的に異なることに注意．

2.2 土のコンシステンシー

細粒土は，含水比が大きくなればドロドロの液状になり流動性を帯びるが，含水比が減少するにつれてネバネバの状態となり成形できる塑性状になる．この土をさらに乾燥させると，ボロボロの半固体状を経てカチカチの固体状となる．土の状態が含水比の大小によって変わるのは，含水状態により外力に対する抵抗のしかたが異なるコンシステンシーを有するためである．

また，含水比の変化に伴って土の体積も変化していく．含水比の減少により土が液状・塑性状・半固体状と変化するので，これらの状態の境界を示す含水比をある約束に従って決めることができる．図-2.15 に示すように，この状態の境界の含水比を**液性限界**（LL，w_L），**塑性限界**（PL，w_p），**収縮限界**（SL，w_s）と呼び，境界の含水比を総称して**コンシステンシー限界**という．

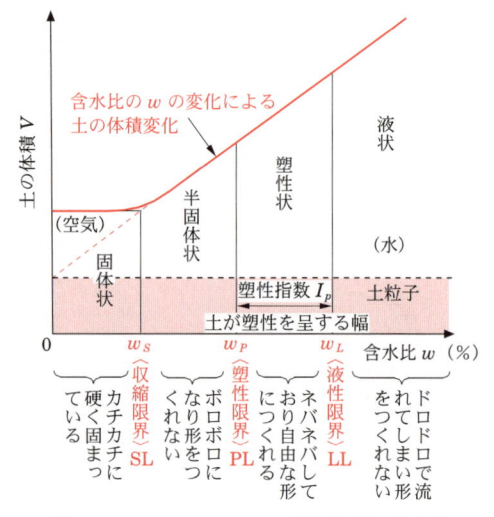

図-2.15 コンシステンシー限界を示す含水比

アドバイス

細粒土はなぜ粘性を示すのか

粘土粒子などの細かい粒子は水分子でくるまれており，その水膜を吸着水と呼んでいる．吸着水より外にある水は自由に動きまわれるので，自由水と呼ばれる．粘土粒子は相互に吸着水の水膜を介して接触するため粘りけをもち，粘性土と呼ばれる．

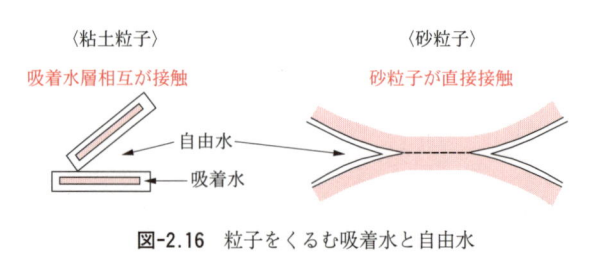

図-2.16 粒子をくるむ吸着水と自由水

（1）液性限界試験，塑性限界試験

土の液状と塑性状の境界を液性限界，塑性状と半固体状の境界を塑性限界と，言葉では定義できても，実際には土の含水比の変化による状態の変化は連続し，境界はわからないため，国際的に共通する約束のもとに求められている．日本では JIS で測定法が定められている．この測定法で求められる値「液性限界」「塑性限界」がその土に固有な値であるため，土の工学的性質を推定したり粘性土を分類するのにも大いに役立っている．

〔土の液性限界・塑性限界試験〕 （JIS A 1205）

（a） 液性限界試験

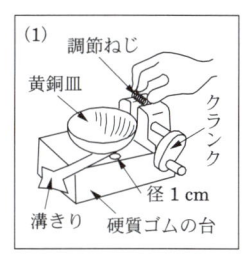

(1) 黄銅皿とゴム台の間が正確に 1 cm の高さになるように調節ねじで調節する．

(2) 採取した湿潤試料を 100 g 取り出し，パテ状になるまで十分練り合わせた後，湿った布をかぶせて約 30 分間放置し，試料と水をよくなじませる．

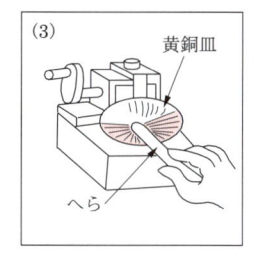

(3) へらを用いて試料を黄銅皿に，最大厚さが 1 cm になるように入れ，形を整える．

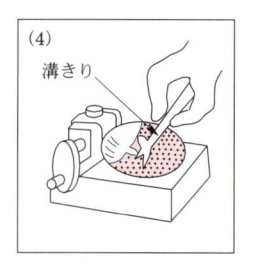

(4) 溝きりを黄銅皿の底に直角に保ち，中央で試料を二分する．

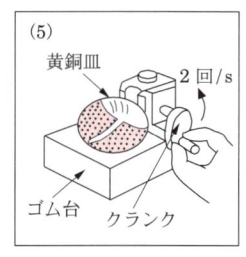

(5) 1 秒間に 2 回の速さでクランクを回転させ，黄銅皿を持ち上げてゴム台に落とす．

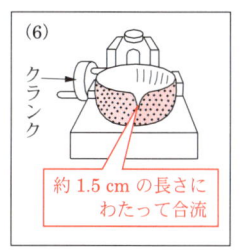

(6) 溝の底部で，試料が約 1.5 cm ほど合流したときの落下回数を記録する．合流した溝の周囲から試料をとり，含水比 w を測定する．

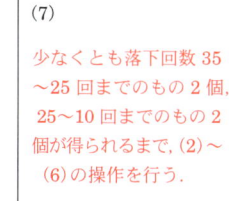

(7) 残った試料をガラス板に集め，少し水を加えてよく練り，（3）～（6）までの操作を繰り返す．

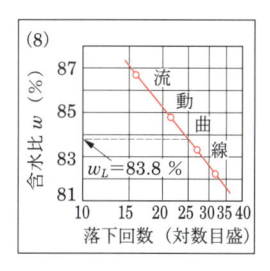

少なくとも落下回数 35～25 回までのもの 2 個，25～10 回までのもの 2 個が得られるまで，（2）～（6）の操作を行う．

(8) 得られたデータを落下回数と含水比の関係で示し，流動曲線を求め，落下回数 25 回に対応する含水比で液性限界 w_L が与えられる．

$w_L = 83.8$ %

（b） 塑性限界試験

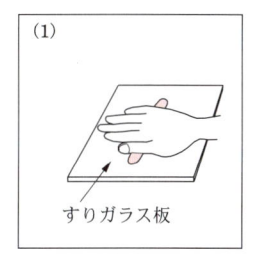

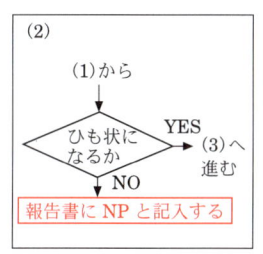

(1) 採取した湿潤試料をパテ状より少し硬めに調製し，約 15 g をすりガラス板の上に広げかたまりにしやすいよう十分に練り合わせる．そのかたまりを手のひらとすりガラス板との間で押さえつけながら転がし，ひも状にする．

(2) NP は，塑性を示さないという意味の non-plastic の頭文字である．ひも状にするため転がすときは，強く押さえつけないことと，指先の部分で転がしたりしないことに注意．

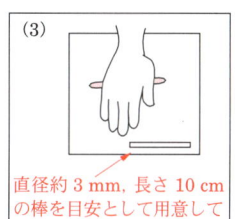

報告書に NP と記入する

(3) ひもの太さが 3 mm になっても切れぎれにならないときは再び練り合わせ，さらに，手のひらとすりガラス板との間で押さえつけながら転がし，直径約 3 mm のひも状にする．

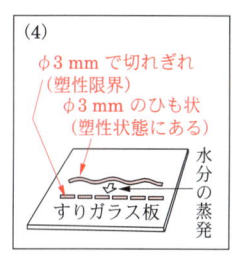

直径約 3 mm，長さ 10 cm の棒を目安として用意しておく．

(4) ひも状にした土が直径 3 mm にならないうちに切れれば水を少し加えてやり直す．直径約 3 mm で切れぎれになったときの試料を集めて含水比を求める．この含水比が塑性限界 w_p である．

φ3 mm で切れぎれ（塑性限界）
φ3 mm のひも状（塑性状態にある）
水分の蒸発

> **アドバイス**
>
> **収縮限界**
>
> 収縮限界 SL は，粘性土を乾燥させ，それ以上体積が変化しなくなるときの含水比で定義される．一般的な粘性土で，w_s は 11％，シルトで 19％，泥炭で 44％ と測定されている．SL は LL や PL に比べて定義される物理的な意味ははっきりしているが，実用例は少ない．廃棄物処理場の遮水に使う粘土ライナーの特性を検討するときに用いられることもある．

日本の土の液性限界，塑性限界は，表-2.5 のようである．

表-2.5 わが国の液性限界，塑性限界の測定例[6]

土の種類	液性限界 w_L（％）	塑性限界 w_p
粘　土（沖積層）	50 〜 130	30 〜 60
シルト（沖積層）	30 〜 80	20 〜 50
粘　土（洪積層）	35 〜 90	20 〜 50
関東ローム	80 〜 150	40 〜 80

w_L や w_p は粘性土の力学的性質の推定に役立つ．

（2） コンシステンシー限界による粘性土の判定

粘性土の特性を最もよく表すものとして，塑性を示す幅を意味する塑性指数 I_p が用いられる．I_p は次式で求められ，粘性土の分類にも用いられる．

$$塑性指数 I_p ＝液性限界 w_L －塑性限界 w_p \tag{2.21}$$

a．粘性土の分類──塑性図

塑性指数 I_p と w_L の値から図-2.17 の塑性図を用いて粘性土を分類することができる．この塑性図上にプロットされる位置で，粘性土の力学的性質の傾向が判断できる．

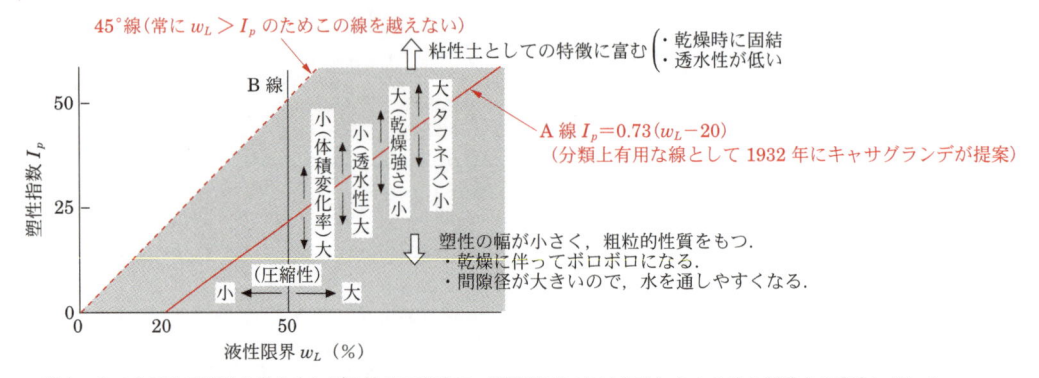

45°線（常に $w_L > I_p$ のためこの線を越えない）

A 線 $I_p = 0.73(w_L - 20)$
（分類上有用な線として 1932 年にキャサグランデが提案）

図-2.17 塑性図とそれがもつ意味

（注）タフネスとは強じん性とかねばり強さの意味で，塑性限界における乱した土のせん断強さの度合いをいう．タフネスはタフネス指数で表される．

b. いろいろな指数の活用

液性指数 $\quad I_L = \dfrac{w_n - w_p}{w_L - w_p} = \dfrac{w_n - w_p}{I_p}$ (2.22)

自然状態にある土の含水比（自然含水比）w_n が w_L や w_p に対して相対的にどの位置にあるかを示したもので，相対含水比とも呼ばれる（砂における相対密度に対応している）．w_n が w_L に近い場合，I_L は1に近い．このような土は変形抵抗の小さな軟弱な正規圧密粘土に多い．日本の沖積粘土は I_L が1に近いものが多い．I_L が0に近いものは，圧縮強度の大きな過圧密粘土に多くみられる．I_L は土を練り返したときの強度と相関があり，後述の図-6.30のように土の鋭敏比を知るときに活用される．

コンシステンシー指数 $\quad I_c = \dfrac{w_L - w_n}{w_L - w_p} = \dfrac{w_L - w_n}{I_p}$ (2.23)

粘性土の相対的な硬さや安定度を表す指数である．w_n が w_p に近いと I_c は1に近く，硬くて圧縮強度は大きいと，w_n が w_L に近いと I_c は0に近く，液状の軟らかい不安定な状態と判定できる．

活性度 $\quad A = \dfrac{I_p}{2\,\mu\mathrm{m}\,\text{以下の粘土含有率}\,p_c}$ (2.24)

この式は活性の程度を表す．なお，活性とは，他の物質を吸着したり，化学的に結合する傾向の強さをいい，粒子1個の界面作用の尺度になる．粘土鉱物により異なる．

> 粘土含有率が増えると比例して I_p は大きくなり，その程度は A で示される．

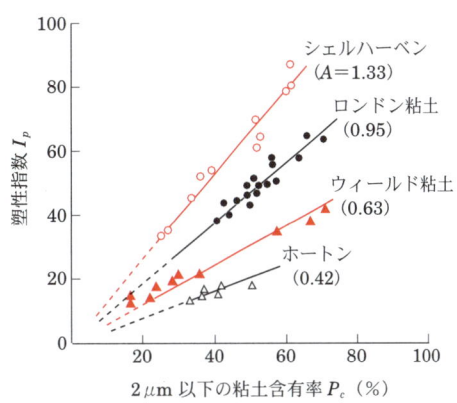

図-2.18 塑性指数と粘土含有率との関係[7]

アドバイス

w_L で土の圧縮性がわかる

数多くの測定結果から，w_L が土の圧縮性を示す圧縮指数 C_c（p.83で説明する）と相関関係にあることが明らかにされている．C_c は次式で表される．

$$C_c = a(w_L - b)$$

a, b の定数は地域や土の種類により，図-2.19のように異なる．

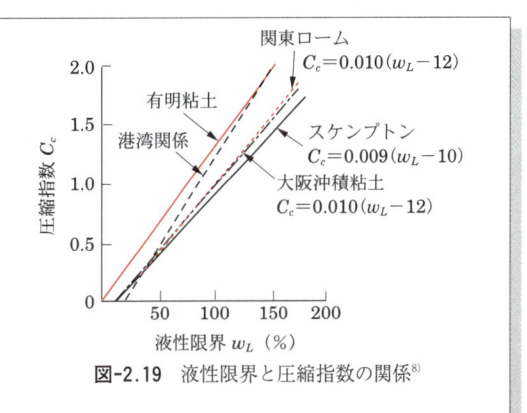

関東ローム　$C_c = 0.010(w_L - 12)$
有明粘土
港湾関係
スケンプトン　$C_c = 0.009(w_L - 10)$
大阪沖積粘土　$C_c = 0.010(w_L - 12)$

図-2.19 液性限界と圧縮指数の関係[8]

3. 土の工学的分類

土を分類しておくと，土の工学的性質を推定したり，材料土としての適否を判定するのに役立つ．ここでは，土の工学的分類方法の考え方と，日本で基準化されている分類方法について説明する．

3.1 地盤材料の工学的分類

土の工学的性質を粒度によって判断できるのは，粗い土粒子を多く含む土に限られている．細かい土粒子を多く含む土の工学的性質は，粒度以外にコンシステンシー限界に支配されていると考えられるので，粒度と合わせてコンシステンシー限界を基本とした分類がいく通りか行われている．分類法にはAASHTO分類法や統一土質分類法などがある．わが国では，統一分類法を日本の土に適用できるよう，地盤工学会基準として「地盤材料の工学的分類法」を定めている．

アドバイス

土の工学的分類法──AASHTO分類法と統一土質分類法
1. 主に道路の路床土の分類に用いるために考案されたAASHO（American Association of State Highway Officials）分類法が滑走路にも適用できるように改良され，1973年にAASHTO（American Association of State Highway and Transportation Officials）分類法と改名された．
2. 統一土質分類法（Unified Soil Classification System）は，1942年につくられたキャサグランデ（Casagurande）による分類法をアメリカの開拓局と陸軍技術部で統一した形で採用したもので，世界で広く利用されている．

3.2 工学的分類方法

世界的に広く利用されている統一土質分類法を日本の土に適用できるよう修正し規格化したものが「地盤材料の工学的分類法」（図-2.23）である．何度も改定が行われ，現在は1998年制定の分類法を用いている．岩石材料を含む土まで分類できるよう，図-2.20のような工学的分類体系がつくられている．

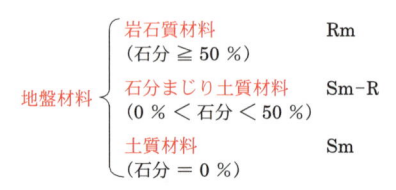

地盤材料 ┬ 岩石質材料（石分 ≧ 50％） … Rm
　　　　├ 石分まじり土質材料（0％ < 石分 < 50％） … Sm-R
　　　　└ 土質材料（石分 = 0％） … Sm

（注）含有率％は地盤材料に対する質量百分率．
図-2.20 地盤材料の工学的分類体系

土が75 mm以上の石分を含む割合によって，図-2.20のように岩石質材料か土質材料かに大きく区分し，石分をまったく含まないものを土質材料としている．土質材料の分類体系は図-2.21に示す．

土質材料は，試料を観察し，高有機質土か人工材料（人工的に加工した改良土や廃棄物）かどうかを見分け，一般的な土であれば粒径により粗粒土か細粒土に区分する．ここまでの分類が大分類である．図-2.21に示すように，大分類の材料区分はゴシック体で示し，粗粒土，細粒土，さらに粗粒分，細粒分の含有率，礫分や砂分の多少によって土質区分し〔　〕表示する．

3. 土の工学的分類

　大分類された土はさらに，図-2.23 に示すように粒度やコンシステンシー限界，観察などにより中分類，小分類する．分類記号は，中分類は ｜ ｜，小分類は（ ）で示す約束になっている．

　細粒土の粘性土については図-2.22 の塑性図を用い，A 線より上にあるか下にあるかでシルト ｛M｝，粘土 ｛C｝ に中分類し，液性限界 w_L に基づいて小分類する．

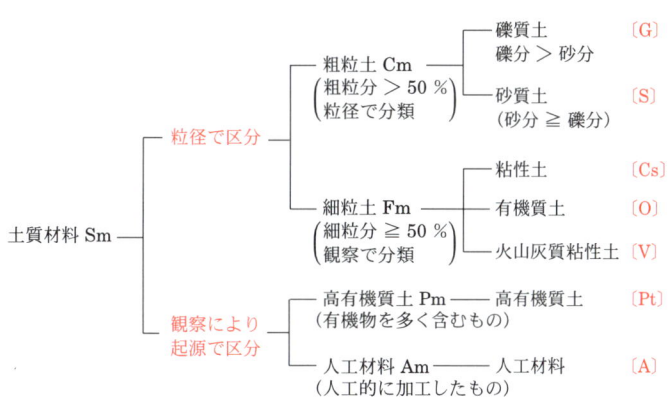

```
                            ┌─ 粗粒土 Cm ─────┬─ 礫質土         [G]
                            │ (粗粒分>50%)    │  (礫分>砂分)
              ┌─ 粒径で区分 ─┤  粒径で分類    └─ 砂質土         [S]
              │             │                    (砂分≧礫分)
              │             │
              │             └─ 細粒土 Fm ─────┬─ 粘性土         [Cs]
土質材料 Sm ─┤               (細粒分≧50%)    ├─ 有機質土       [O]
              │               観察で分類      └─ 火山灰質粘性土 [V]
              │
              │             ┌─ 高有機土 Pm ──── 高有機質土      [Pt]
              │             │  (有機物を多く含むもの)
              └─ 観察により ─┤
                 起源で区分  └─ 人工材料 Am ──── 人工材料        [A]
                               (人工的に加工したもの)
```

（注）含有率％は土質材料に対する質量百分率．

図-2.21 土質材料の工学的分類体系（土質材料の大分類）

A 線より上の土は粘土分(C)が多いため塑性が高く，下の土はシルト(M)が多いため塑性が低い．また，B 線より右の土は圧縮性が大きく(H)，左の土は圧縮性が小さい(L)．データは網かけ部分のみにプロットされる．

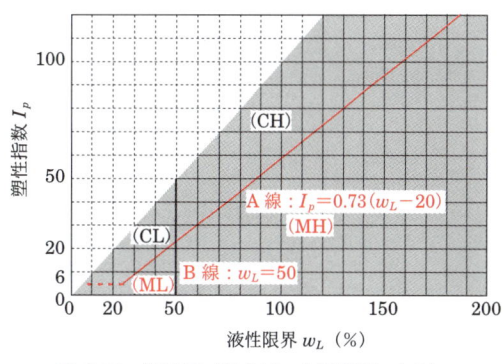

塑性図：縦軸 塑性指数 I_p，横軸 液性限界 w_L (%)
- A 線：$I_p = 0.73(w_L - 20)$
- B 線：$w_L = 50$
- 領域：(CH), (MH), (CL), (ML)

図-2.22 塑性図（日本統一土質分類による）

表-2.6 分類記号の意味

記号		意味	記号		意味
主記号	R	石（Rock）	副記号	Mk	黒泥（Muck）
	R₁	巨石（Boulder）		Wa	廃棄物（Wastes）
	R₂	粗石（Cobble）		I	改良土（I-soil または Improved soil）
	G	礫粒土（G-soil または Gravel）		W	粒径幅の広い（Well-graded）
	S	砂粒土（S-soil または Sand）		P	分級された（Poorly graded）
	F	細粒土（Fine soil）		L	低液性限界（$w_L < 50\%$） (Low liquid limit)
	Cs	粘性土（Cohesive soil）		H	高液性限界（$w_L \geq 50\%$） (High liquid limit)
	M	シルト（Mo：スウェーデン語のシルト）		H₁	火山灰質粘性土のⅠ型（$w_L < 80\%$）
	C	粘土（Clay）		H₂	火山灰質粘性土のⅡ型（$w_L \geq 80\%$）
	O	有機質土（Organic soil）			
	V	火山灰質粘性土（Volcanic cohesive soil）			
	Pt	高有機質土（Highly organic soil）または泥炭（Peat）			

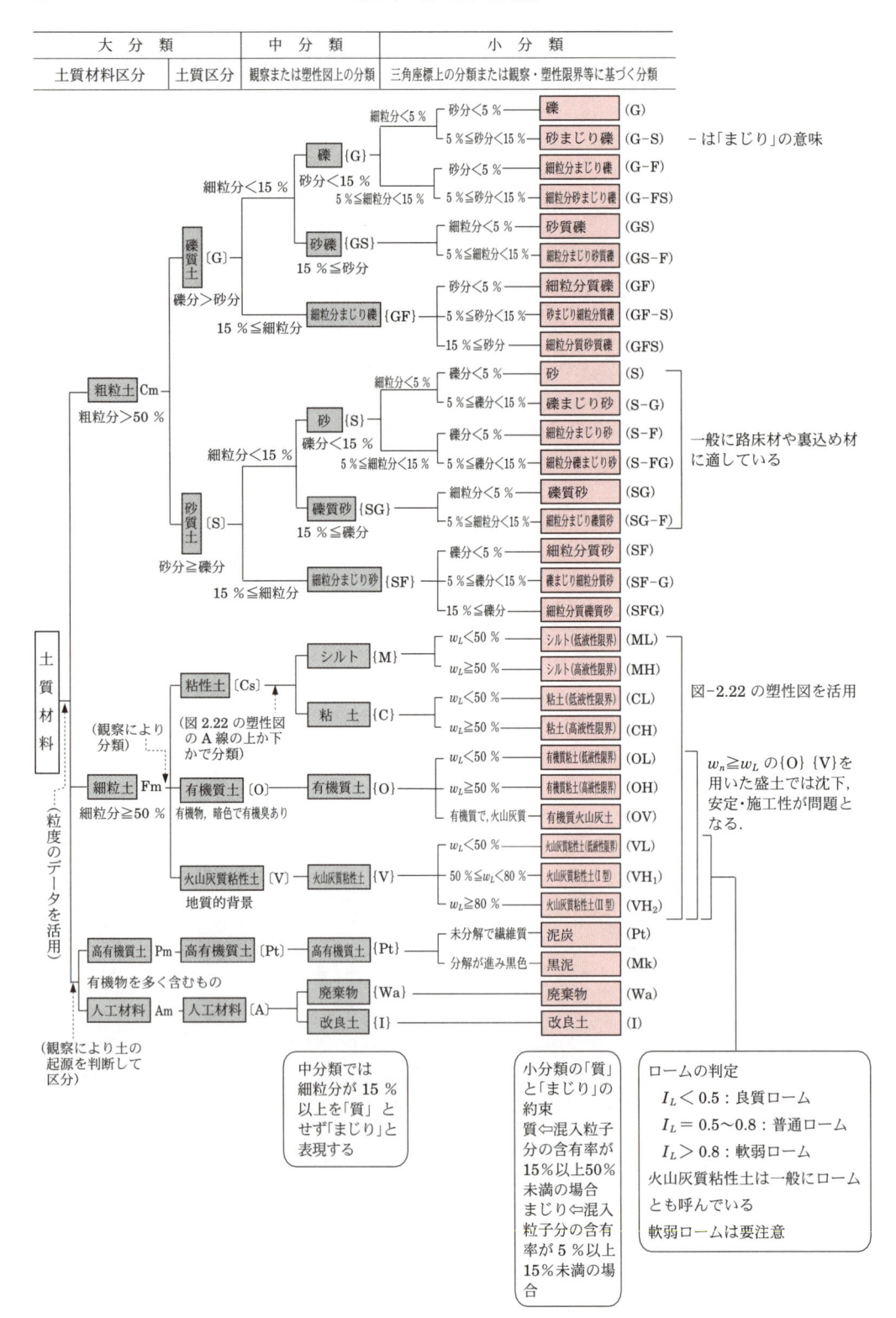

図-2.23 日本統一土質分類法による土の分類

大分類		中分類	小分類	
土質材料区分	土質区分	観察または塑性図上の分類	三角座標上の分類または観察・塑性限界等に基づく分類	

粗粒土 Cm （粗粒分＞50 %）

- **礫質土 {G}** （礫分＞砂分）
  - **礫 {G}** （細粒分＜15 %, 砂分＜15 %）
    - 細粒分＜5 % → 礫 (G)
    - 5 %≦砂分＜15 % → 砂まじり礫 (G-S)
    - 細粒分＜5 % → 細粒分まじり礫 (G-F)
    - 5 %≦細粒分＜15 % → 細粒分砂まじり礫 (G-FS)
  - **砂礫 {GS}** （15 %≦砂分）
    - 細粒分＜5 % → 砂質礫 (GS)
    - 5 %≦細粒分＜15 % → 細粒分まじり砂質礫 (GS-F)
  - **細粒分まじり礫 {GF}** （15 %≦細粒分）
    - 砂分＜5 % → 細粒分質礫 (GF)
    - 5 %≦砂分＜15 % → 砂まじり細粒分質礫 (GF-S)
    - 15 %≦砂分 → 細粒分質砂質礫 (GFS)

- **砂質土 {S}** （砂分≧礫分）
  - **砂 {S}** （細粒分＜15 %, 礫分＜15 %）
    - 細粒分＜5 % → 砂 (S)
    - 5 %≦礫分＜15 % → 礫まじり砂 (S-G)
    - 細粒分＜5 % → 細粒分まじり砂 (S-F)
    - 5 %≦細粒分＜15 % → 細粒分まじり礫まじり砂 (S-FG)
  - **礫質砂 {SG}** （15 %≦礫分）
    - 細粒分＜5 % → 礫質砂 (SG)
    - 5 %≦細粒分＜15 % → 細粒分まじり礫質砂 (SG-F)
  - **細粒分まじり砂 {SF}** （15 %≦細粒分）
    - 礫分＜5 % → 細粒分質砂 (SF)
    - 5 %≦礫分＜15 % → 礫まじり細粒分質砂 (SF-G)
    - 15 %≦礫分 → 細粒分質礫質砂 (SFG)

－は「まじり」の意味

一般に路床材や裏込め材に適している

細粒土 Fm （細粒分≧50 %）（観察により分類）

- **粘性土 〔Cs〕** （図2.22の塑性図のA線の上か下かで分類）
  - **シルト {M}**
    - $w_L<50$ % → シルト(低液性限界) (ML)
    - $w_L≧50$ % → シルト(高液性限界) (MH)
  - **粘土 {C}**
    - $w_L<50$ % → 粘土(低液性限界) (CL)
    - $w_L≧50$ % → 粘土(高液性限界) (CH)
- **有機質土 〔O〕** 有機物，暗色で有機臭あり
  - **有機質土 {O}**
    - $w_L<50$ % → 有機質土(低液性限界) (OL)
    - $w_L≧50$ % → 有機質土(高液性限界) (OH)
    - 有機質で，火山灰質 → 有機質火山灰土 (OV)
- **火山灰質粘性土 〔V〕** 地質的背景
  - **火山灰質粘性土 {V}**
    - $w_L<50$ % → 火山灰質粘性土(低液性限界) (VL)
    - 50 %≦$w_L<80$ % → 火山灰質粘性土(I型) (VH$_1$)
    - $w_L≧80$ % → 火山灰質粘性土(II型) (VH$_2$)

図-2.22 の塑性図を活用

$w_n≧w_L$ の {O} {V} を用いた盛土では沈下，安定・施工性が問題となる．

高有機質土 Pm （有機物を多く含むもの）
- **高有機質土 〔Pt〕**
  - **高有機質土 {Pt}**
    - 未分解で繊維質 → 泥炭 (Pt)
    - 分解が進み黒色 → 黒泥 (Mk)

人工材料 Am （観察により土の起源を判断して区分）
- **人工材料 〔A〕**
  - 廃棄物 {Wa} → 廃棄物 (Wa)
  - 改良土 {I} → 改良土 (I)

（粒度のデータを活用）

中分類では細粒分が 15 % 以上を「質」とせず「まじり」と表現する

小分類の「質」と「まじり」の約束
質⇔混入粒子分の含有率が15%以上50%未満の場合
まじり⇔混入粒子分の含有率が5 %以上15%未満の場合

ロームの判定
$I_L<0.5$：良質ローム
$I_L=0.5～0.8$：普通ローム
$I_L>0.8$：軟弱ローム
火山灰質粘性土は一般にロームとも呼んでいる
軟弱ロームは要注意

第 3 章　土の中の水の流れと毛管現象

　土中の水は土の間隙を通って移動する．土中の水の移動は，重力の作用で水位の高いところから低いところに流れる「地下水」の問題と，地中の地下水面より上で毛管作用によって吸い上げられる「毛管水」の問題に分けて考える．

　　　　　　　　（移動原因）　　（移動の性質を示す数値）　　　（水の作用）
　　　地下水……重力の作用……透水係数・透水量……浸透水圧・揚圧力
　　　毛管水……毛管現象………毛管上昇高……………毛管圧

　地下水の移動のしやすさは土の種類や状態によって異なり，その特性は透水係数で表される．建設工事の事故やトラブルに地下水が直接，間接に影響するといわれるように，地下水の問題は建設工事において重要である．このとき，土の透水係数を適切に求めておくことは問題対処へのカギとなる．

　毛管現象による毛管水の移動の性質は，道路の路床の安定や寒冷地での地盤の凍結の問題と関係して大切である．

　本章では，地下水の移動の性質や，特性を表す透水係数の求め方を，室内試験と現場試験に分けて説明する．そして，透水係数が得られた場合の透水量の計算方法についても説明する．また，毛管現象の性質と，寒冷地の地盤の凍結の性質や対策，寒冷地以外の凍結にも触れる．

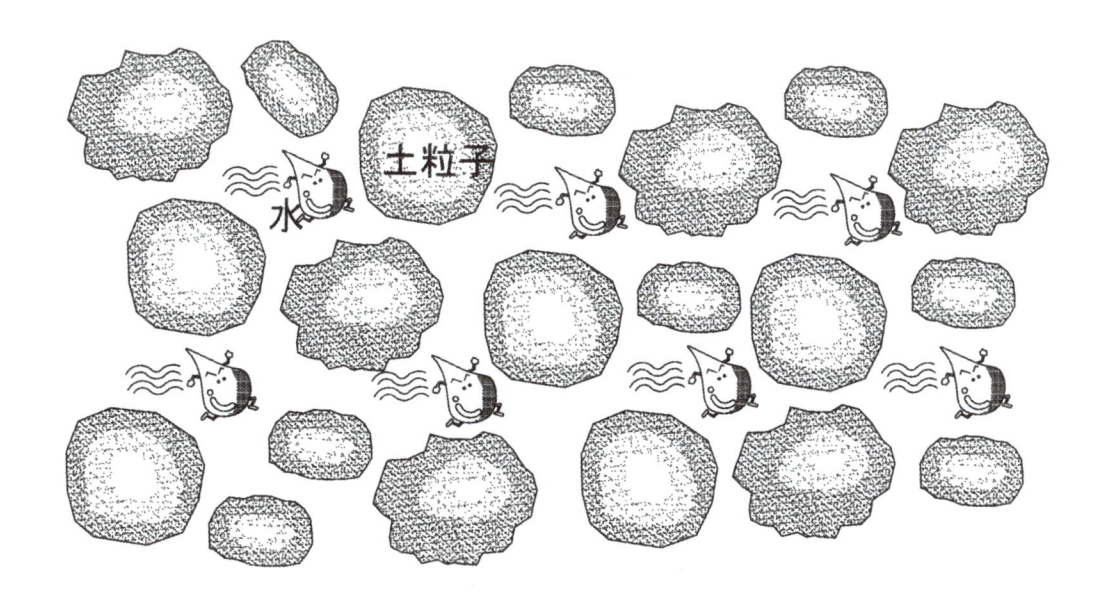

1. 土中の水の流れとダルシーの法則

土中に水位差があれば，水は土の間隙をぬって流れる．土中の水の流れやすさを土の透水性という．この水の流れの性質は「水理学」の理論（ベルヌーイ(Belnoulli)の定理など）から知ることができるが，土中での流れは間隙をぬうため速度が遅いので，ダルシー（Darcy）が見出した簡単な法則を使って表すことができる．地下水の浸透量の計算など地下水に関する計算は，すべてダルシーの法則から導かれた式で行うので，ここではこの法則を説明する．

1.1 ダルシーの法則

図-3.1（a）の場合は，水位差がないので水に流れが生じないが，（b）のように水位差 h を与えると水に流れが生じ，一定の方向に流れる．（b）の点 a から点 b への矢印は一つの水の流れの経路を表す流線を示す．（b）において，点 a の静水圧は点 b より $\gamma_w h$ だけ大きく，これが ab 間を通して水を動かす圧力である．これを点 b に対して a の**過剰水圧**という．

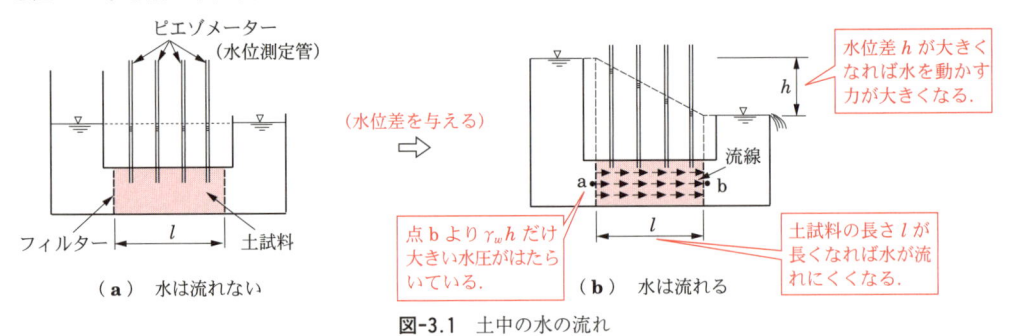

図-3.1 土中の水の流れ

水を動かす力の大きさの度合いは，水位差 h の大きさと流線（土試料）の長さ l とで決まることから，その比を**動水勾配** i とし次式で表す．

$$i = \frac{h}{l} \qquad (3.1)$$

これは，水の流線に沿って l だけ進む間に h の水頭を損失する勾配を示している．

動水勾配 i と土試料中を流れる水の流速 v との間には，水の流れが層流（水の流れの中にインキを細かい管から静かに注入したとき，インキが渦を起こさず糸を引いたように線状に流れるような水の流れ）である限り比例関係が成り立ち，比例定数を k とすると

$$v = ki \quad \text{(cm/s)} \qquad (3.2)$$

となる．この関係を**ダルシーの法則**という．k は**透水係数**で，土の透水性の大小を表す．砂では大きく，粘土ではきわめて小さい．

> フランスの上水道技術者ダルシーが 1856 年に，砂中の透水現象にこのような重要な法則があることを発見した．

> **アドバイス**
>
> **水が流れるのは間隙部分**
>
> 土中で実際に水が流れるのは，図-3.2に示す間隙部分である．ところが，式(3.3)では全断面積Aを用いている．土の間隙断面積を求めることは困難なので，試験では，透水係数を測定するとき，全断面積Aを用いてkを求める．すると，測定されたkには，間隙断面の大きさの影響がすべて含まれることになり，透水量の計算では全断面積Aをそのまま用いることができる．式(3.2)のvは間隙を流れる真の流速ではなく，いわゆる見かけの流速になる．
>
> 図-3.2 土の透水断面

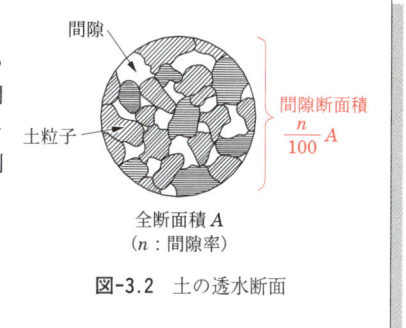

1.2 透水量と透水係数

いま，図-3.1において，流線と直角をなす土試料の断面積をAとすれば，単位時間あたりの透水量qは次式のようになる．

$$q = vA = kiA \quad (\text{cm}^3/\text{s}) \tag{3.3}$$

ここで，透水係数kは透水試験を行って求められる値で，vと同じ単位をもつ．透水係数kは土の種類と相関関係にあり，図-3.3から土質による透水試験の適用範囲が判断できる．

透水係数 k(cm/s)	10^{-9} 10^{-8}	10^{-7}	10^{-6} 10^{-5} 10^{-4} 10^{-3}	10^{-2} 10^{-1} 10^{0}	10^{1} 10^{2}
透水性	実質上不透水	非常に低い	低 い	中 位	高 い
対応する土の種類	粘性土	微細砂，シルト，砂-シルト-粘土混合土		砂および礫	清浄な礫
透水係数を直接測定する方法	特殊な変水位透水試験	変水位透水試験		定水位透水試験	特殊な変水位透水試験
透水係数を間接的に推定する方法	圧密試験結果から計算	な し		清浄な砂と礫は粒度と間隙比から計算	

図-3.3 土質と透水係数，適用される透水試験[9]

> **アドバイス**
>
> **地下水のひき起こす問題**
>
> 建設工事でのトラブルの原因は地下水，といわれるほど，さまざまな問題をひき起こしている．図-3.4に，水の循環の視点で地下水を説明し，トラブルの内容も示した．
>
> 図-3.4 水の循環と考えられる地下水の問題

2. 透水係数の測定

土中の水の移動を考えたり,透水量を計算するためには,土の透水性を知る必要がある.土の透水性は透水係数の値によって表され,透水係数は採取した土試料について室内で行う透水試験または現地で行う透水試験によって求められる.図-3.5に透水係数を求める方法を示す.

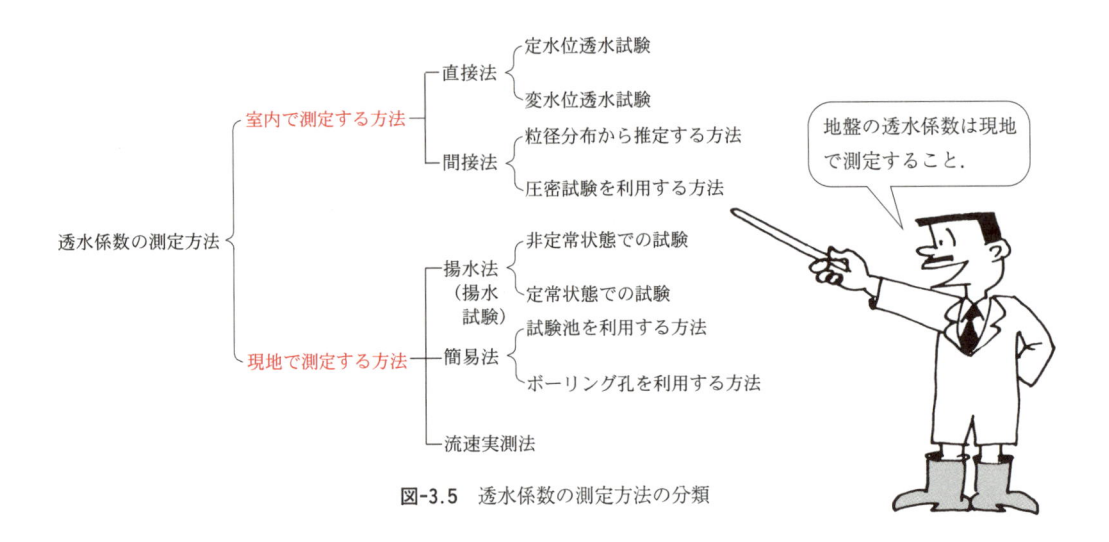

```
                               ┌ 定水位透水試験
                    ┌ 直接法 ─┤
                    │         └ 変水位透水試験
         室内で測定する方法 ─┤
                    │         ┌ 粒径分布から推定する方法
                    └ 間接法 ─┤
                              └ 圧密試験を利用する方法
透水係数の測定方法 ┤
                    ┌ 揚水法    ┌ 非定常状態での試験
                    │(揚水試験)─┤
                    │           └ 定常状態での試験
         現地で測定する方法 ─┤
                    │         ┌ 試験池を利用する方法
                    ├ 簡易法 ─┤
                    │         └ ボーリング孔を利用する方法
                    └ 流速実測法
```

地盤の透水係数は現地で測定すること.

図-3.5 透水係数の測定方法の分類

アドバイス

現地試験と室内試験はどう使い分けるか
透水試験の特質から,目的に合った方法で透水係数 k を求める.
- **室内で測定する方法**──アースダム,堤防,道路,埋立地など,人工造成地盤の透水性を予測するときに適用するのがよい.
  (この場合,締め固めた供試体について測定する)
- **現地で測定する方法**──自然地盤や既造成地盤の透水性を知りたいときに適用する.
  (試料採取に伴う土のかく乱によって試験結果の信頼性が著しく低下したり,地盤の不均一性や異方性がゾーンの透水性に大きく影響するため,直接現地で測定するのがよい)

2.1 室内透水試験

(1) 定水位透水試験

この試験は,透水係数の大きい砂質土 (k が $10^{-2} \sim 10^{-3}$ cm/s 程度のもの) に適用する.あらかじめ水で飽和させた土試料に一定の水頭差を保ちながら透水させ,ある時間 t (s) の間の透水量 Q (cm^3) を測定して透水係数を求める方法である.

〔定水位透水試験〕（JIS A 1218）

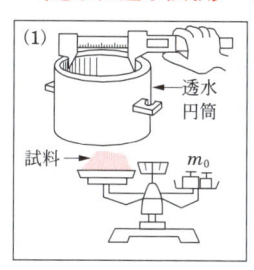

(1) 約 3 kg の試料を準備し，その質量 (m_0) を正確に測る．透水円筒（モールド）の内径を測り，断面積 A を計算する．

(2) 有孔底板に 425 μm の金網を敷き，透水円筒をのせて固定する（金網などのフィルター材は供試体の透水係数の 10 倍以上の透水性が必要）．

(3) 試料を所定の密度に締め固める．試料は，締め固めた後，1 層厚さが最大 15 mm または最大粒径の 1.5 倍のうち大きいほうになるよう均等に突き固める．

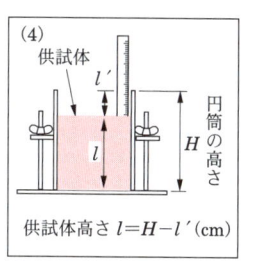

(4) 所定の高さまで試料を入れ，締固めが終わったら供試体の高さ l を求める（供試体の体積は $V=lA$ で求められる）．

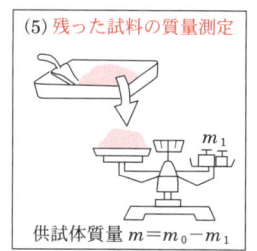

供試体高さ $l=H-l'$ (cm)

(5) 透水円筒に投入する前の試料の質量から，投入した残りの試料の質量を差し引いて円筒内の供試体の質量 m を求める．残った試料を用いて含水比 w と土粒子の密度 ρ_s の測定を行う．

供試体質量 $m=m_0-m_1$

(6) 試料表面に 425 μm の金網を敷き，その上にフィルターを敷くか，約 1 cm の粗砂でおおう．越流口付きの円筒を取り付け，透水円筒と一体となるよう固定する．

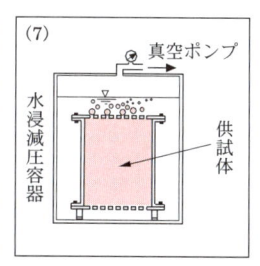

(7) セットした供試体を脱気水を満たした水浸減圧容器に入れ真空ポンプにつないで，気泡を取り去り，供試体を水で飽和させる．その後，水槽に気泡が入らないように移し変える．

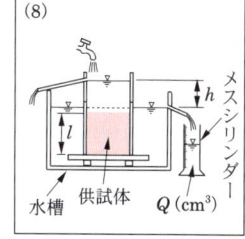

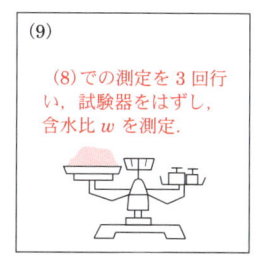

(8) 透水円筒の上端から静かに注水し，底板から排水させ，水位差を一定（測定時の動水勾配 i は 0.3 を超えないように注意する）にしてから，水槽から越流する水量が一定になるまで待った後，時間 t_1 から t_2 の間の越流水量 Q (cm³) を測定する．

(9) 時間 $t(=t_2-t_1)$ (s) の間の Q (cm³) の測定を 3 回行う．1 回ごとに水温を測定しておく．測定後，試験器をはずし，試験後の供試体の含水比を測定する．

(8) での測定を 3 回行い，試験器をはずし，含水比 w を測定．

(10) 供試体の初期状態の計算

湿潤密度 $\rho_t=m/V$ (g/cm³)

乾燥密度 $\rho_d=\rho_t/(1+w/100)$ (g/cm³)

間隙比 $e=\dfrac{\rho_s}{\rho_d}-1$

飽和度 $S_r=w\rho_s/e\rho_w$ (%)

上式より供試体の初期状態を計算しておく．

(11) 透水係数 k の計算

$$k_T=\frac{lQ}{hA(t_2-t_1)}\ \text{(cm/s)}$$

k_T：水温 T ℃のときの透水係数

$$k_{15}=k_T\cdot\frac{\eta_T}{\eta_{15}}\ \text{(cm/s)}$$

η_T：T ℃の水の粘性係数

上式より透水係数 k を求め，3 回の平均値をとる．ただし，k は水温 15 ℃のときの値で求めておく．補正係数 η_T/η_{15} は表-3.1 から得る．

表-3.1 温度 T℃の粘性係数の比 η_T/η_{15}

T℃	0	1	2	3	4	5	6	7	8	9
0	1.575	1.521	1.470	1.424	1.378	1.336	1.295	1.255	1.217	1.182
10	1.149	1.116	1.085	1.055	1.027	1.000	0.975	0.950	0.925	0.902
20	0.880	0.859	0.839	0.819	0.800	0.782	0.764	0.748	0.731	0.715
30	0.700	0.685	0.671	0.657	0.645	0.632	0.620	0.607	0.596	0.584
40	0.574	0.564	0.554	0.544	0.535	0.525	0.517	0.507	0.498	0.490

水温が小数点以下1位まで得られている場合は，左の値から比例計算する．

(2) 変水位透水試験

透水性の比較的小さい細砂やシルト質土（k がだいたい $10^{-3} \sim 10^{-6}$ cm/s 程度のもの）に適用する．この試験は，真空ポンプなどを利用して，あらかじめ供試体内の空気を排除し水で飽和させておき，ある水位になると透水を開始し，水位が時間の経過により変化するようすを測定して透水係数を求める方法である．

アドバイス

砂の粒径からの透水係数の簡易な推定

砂の透水係数 k は，粒子径が大きくなるほど大きくなり，その2乗に比例することが実験で確かめられている．ヘーゼン（Hazen）は実験から次式の関係を示した．

$$k = C_h(0.7 + 0.03t)D_{10}^2 \quad \text{(cm/s)}$$

ここに，D_{10}：有効径（cm），t：温度（℃），C_h：表-3.2 で示される係数（$t=10$℃として，C_h は平均的に 100 を採用）

この式は簡易的に

$$k = 100 D_{10}^2 \quad \text{(cm/s)}$$

となる．この式を用い，砂質土の粒度試験結果から概略の透水係数が推定されることがある．

またクレーガー（Creager）は，試料の代表径として 20% 粒径 D_{20} を用いて，透水係数との関係を表-3.3 のように示した．

表-3.2 係数 C_h の値

C_h	砂の状態
150	均等な粒子の場合
116	細砂のゆるく締まった状態
70	細砂のよく締まった状態
60	大小粒子混合の場合
46	非常に汚れている場合

表-3.3 クレーガーによる D_{20} と透水係数 k [9]

D_{20} (mm)	k (cm/s)	土質	D_{20} (mm)	k (cm/s)	土質
0.005	3.00×10^{-6}	粗粒粘土	0.18	6.85×10^{-3}	細砂
0.01	1.05×10^{-5}	粗粒シルト	0.20	8.90×10^{-3}	〃
0.02	4.00×10^{-5}	粗粒シルト	0.25	1.40×10^{-2}	〃
0.03	8.50×10^{-5}	〃	0.30	2.20×10^{-2}	中砂
0.04	1.75×10^{-4}	〃	0.35	3.20×10^{-2}	〃
0.05	2.80×10^{-4}	〃	0.40	4.50×10^{-2}	〃
0.06	4.60×10^{-4}	微細砂	0.45	5.80×10^{-2}	〃
0.07	6.50×10^{-4}	〃	0.50	7.50×10^{-2}	〃
0.08	9.00×10^{-4}	〃	0.60	1.10×10^{-1}	粗粒砂
0.09	1.40×10^{-3}	〃	0.70	1.60×10^{-1}	〃
0.10	1.75×10^{-3}	〃	0.80	2.15×10^{-1}	〃
0.12	2.6×10^{-3}	細砂	0.90	2.80×10^{-1}	〃
0.14	3.8×10^{-3}	〃	1.00	3.60×10^{-1}	〃
0.16	3.1×10^{-3}	〃	2.00	1.8	細礫

2. 透水係数の測定

〔変水位透水試験〕 (JIS A 1218)

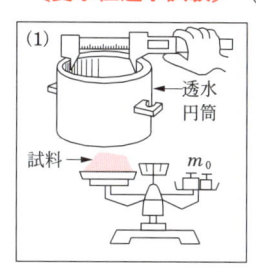

(1) 約3kgの試料を準備し、質量 (m_0) を正確に測る．透水円筒（モールド）の内径を測り、断面積 A を計算する．

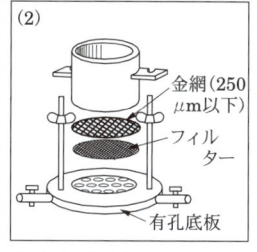

(2) 有孔底板に開き目 $250\mu m$ 以下の金網とフィルターを合わせて敷き、透水円筒をのせて固定する（金網などのフィルター材は、供試体の透水係数の10倍以上の透水性が必要）．

(3) 試料を所定の密度になるように締め固める．試料は、1層の厚さが締め固め後、最大 15 mm になるように入れ、均等に突き固め、所定の高さの供試体をつくる．

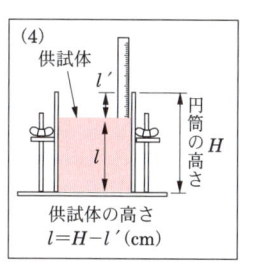

(4) 締固めが終わったら、供試体の高さ l を求める（供試体の体積は $V = lA$ で求められる）．

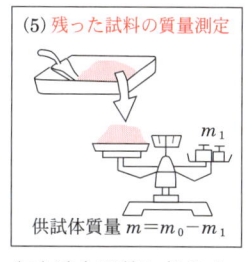

供試体の高さ $l = H - l'$ (cm)

(5) 透水円筒に投入する前の試料の質量から、投入した残りの試料の質量を差し引いて、円筒内の供試体の質量 m を求める．残った試料を用いて、含水比 w の測定と土粒子の密度 ρ_s の測定を行う．

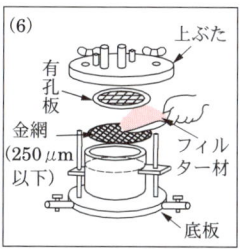

供試体質量 $m = m_0 - m_1$

(6) 試料表面に $250\mu m$ 以下の金網をのせ、その上にフィルター材を敷く．フィルター材の上面が透水円筒の上端にほぼ一致するようにならし、有孔板をのせ、上ぶたを底板と一体となるように固定する．

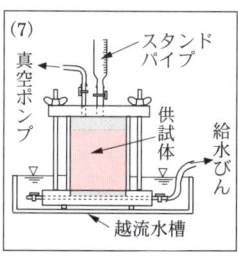

(7) 容器の固定が終わったら給水びんにつないだバルブを開き、上ぶたの空気抜き孔に接続した真空ポンプを作動し、試料の真空度を徐々に高め、給水びんから徐々に送水し、供試体を飽和させる．

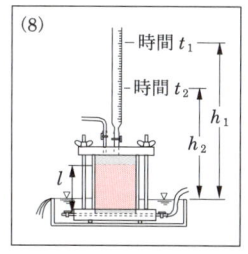

(8) スタンドパイプの断面積 a を測っておく．試料を大気圧に戻し、バルブの水位がある高さになったとき、ストップウォッチを始動させ、ある経過時間の水面高さを読み取る．

(9) 1回の測定が終わるとスタンドパイプに水を補給し、同様の測定を3回行う．他の作業は定水位透水試験 (9) に同じ．

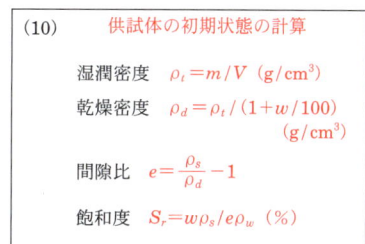

(8)での測定を3回行い、試験器をはずし、含水比 w を測定．

(10) 供試体の初期状態の計算

湿潤密度 $\rho_t = m/V$ (g/cm³)
乾燥密度 $\rho_d = \rho_t/(1+w/100)$ (g/cm³)
間隙比 $e = \dfrac{\rho_s}{\rho_d} - 1$
飽和度 $S_r = w\rho_s/e\rho_w$ (%)

上式より供試体の初期状態を計算しておく．

(11) 透水係数 k の計算

$$k_T = \dfrac{2.30\,al}{A(t_2-t_1)} \log \dfrac{h_1}{h_2}$$ (cm/s)

a：スタンドパイプの断面積 (cm²)

$$k_{15} = k_T \dfrac{\eta_T}{\eta_{15}}$$ (cm/s)

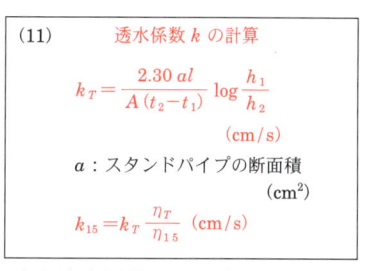

透水係数 k を上式を用いて求め、3回の値の平均値をとる．温度補正は定水位の場合と同じ．

2.2 現場における透水係数の測定

現場における透水試験では，土を乱すことなく地盤の透水性が求められる．方法は，図-3.5 に示す揚水法や簡易法による．

揚水試験は広範囲の透水係数が求められるが，かなり大がかりとなるため，大規模な排水工法を設計する場合に用いられ，局所的な地盤の透水係数を知りたいときには，簡易法としての単一のボーリング孔を利用して透水層の透水係数を求める**単孔式透水試験**がよく行われる．

（1） 揚水試験

揚水試験は，揚水井戸から滞水層の地下水を常に一定量汲み上げ，揚水量と周辺に設けた観測井での水位低下量を測定し，また揚水停止後の水位回復量を測定し，データを解析して滞水層の透水係数を求めるものである．この場合の井戸配置の例を示したのが図-3.6（a）である．また，

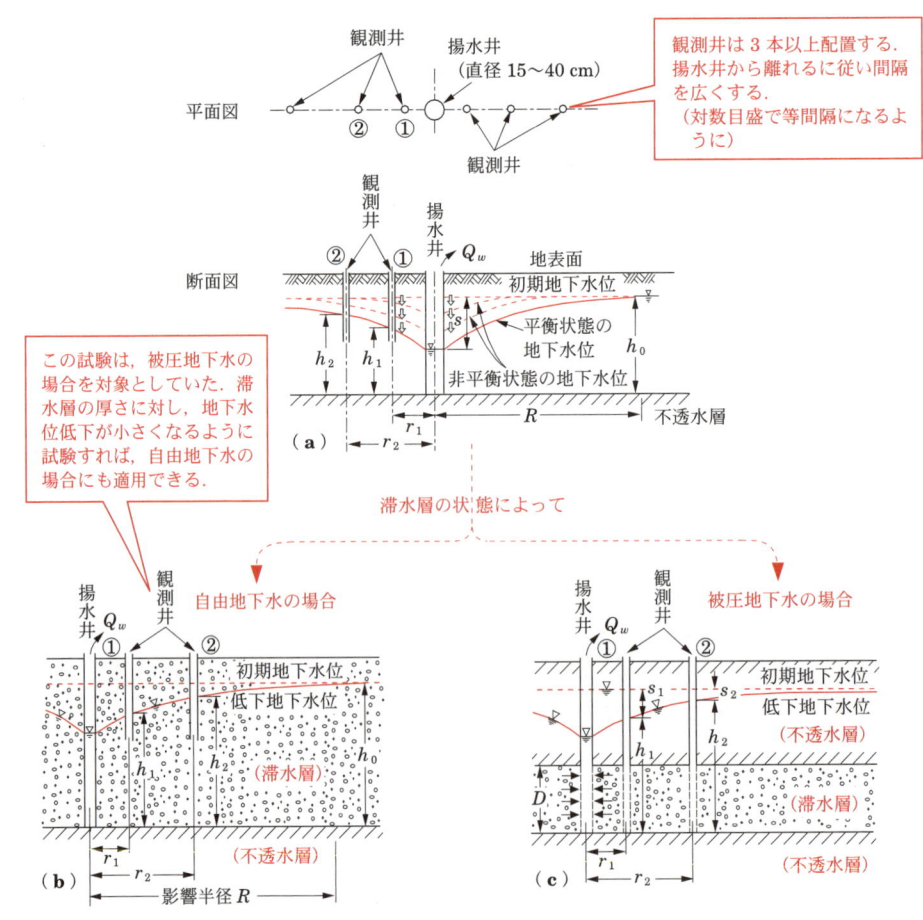

（注） 10^{-4} cm/s 程度より大きな透水係数の地盤に適用するのがよい．

図-3.6 揚水試験の説明

地盤は滞水層の状態によって**被圧地下水**と**自由地下水**の場合に分けられる．被圧地下水は，滞水層の上部が粘土層のような不透水層でおおわれて，滞水層の水が水圧をもち，この水圧によって決まる水位面が不透水層の高さまたは地表に出るような地下水である．自由地下水は不圧地下水とも呼ばれ，砂礫層からなる地盤にみられ，地下水が大気に接する自由地下水面をもっている．

揚水試験の測定段階を示すと図-3.7のようになる．それぞれの段階で水位の測定が行われ，透水係数 k が求められる．

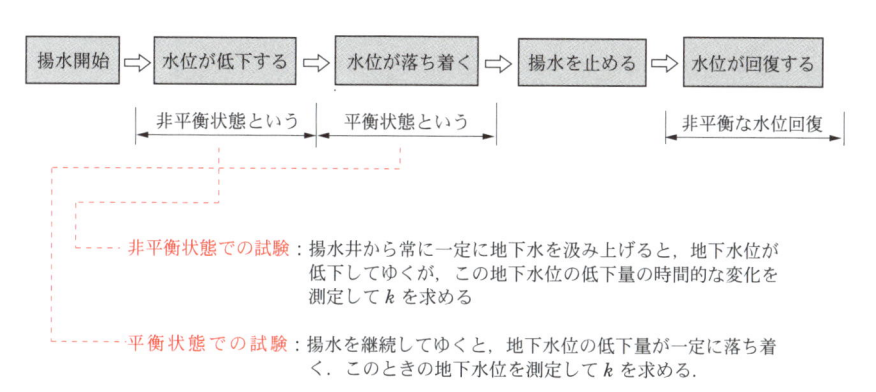

揚水開始 ⇒ 水位が低下する ⇒ 水位が落ち着く ⇒ 揚水を止める ⇒ 水位が回復する

|非平衡状態という|平衡状態という| |非平衡な水位回復|

- 非平衡状態での試験：揚水井から常に一定に地下水を汲み上げると，地下水位が低下してゆくが，この地下水位の低下量の時間的な変化を測定して k を求める
- 平衡状態での試験：揚水を継続してゆくと，地下水位の低下量が一定に落ち着く．このときの地下水位を測定して k を求める．

図-3.7 揚水試験における測定段階

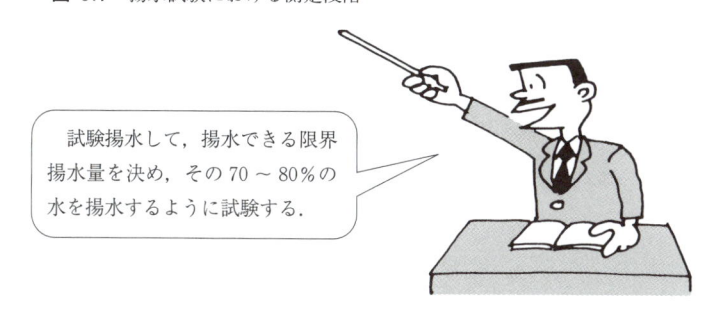

> 試験揚水して，揚水できる限界揚水量を決め，その 70 ～ 80% の水を揚水するように試験する．

次に，揚水試験における透水係数 k の計算法について説明する．

a． 平衡状態での透水係数の計算

揚水井から一定量の水 Q_w (m³/min) を汲み上げてゆき，準備した観測井の地下水位が一定になったとき，各井戸の地下水位を測る．このときの揚水井戸中心から観測井までの距離 r (m) とその井戸の水位低下量 s (m) の関係を，r を対数目盛にとった片対数方眼紙上にプロットすると，図-3.8のように r と s の関係は一般に直線となる．結果から滞水層の透水係数を求める．

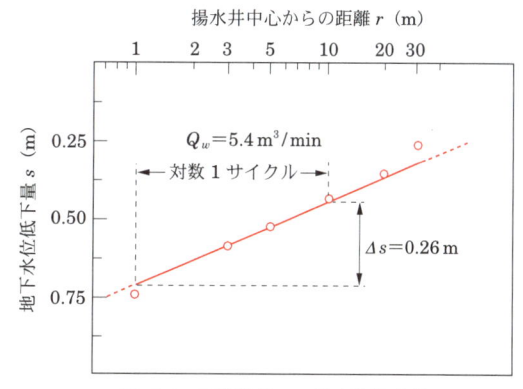

$Q_w = 5.4$ m³/min
対数 1 サイクル
$\Delta s = 0.26$ m

図-3.8 平衡状態での揚水試験結果

〈透水係数 k の計算〉

被圧地下水の場合

$$k=\frac{2.30Q_w}{2\pi\Delta sD}\,(\text{m/min})=\frac{100}{60}\left(\frac{2.3Q_w}{2\pi\Delta sD}\right)\quad(\text{cm/s}) \tag{3.4}$$

ここに，Δs：図-3.8 の直線部分について1つの対数サイクルに対する水位低下量 s の差（m），D：滞水層の厚さ（m）

自由地下水の場合

$$k=\frac{2.30Q_w}{\pi(h_2^2-h_1^2)}\log\frac{r_2}{r_1}\quad(\text{m/min}) \tag{3.5}$$

ここに，h_1，h_2：揚水井中心から距離 r_1（m），r_2（m）にある観測井の地下水位（m）

b. 非平衡状態での透水係数の計算

一定の揚水量 Q_w（m³/min）で揚水を開始し，開始と同時に時間 t（min）と距離 r にある井戸の水位 h（m）を測定する．すると，時間ごとの各井戸の水位低下量 s（$=h_0-h$）（m）が求められるので，s を縦軸に算術目盛で，t/r^2（min/m²）を横軸に対数目盛でとってプロットすると，図-3.9 のような関係が得られる．

この結果と次式から，透水量係数 T，透水係数 k，貯留係数 S を求める．

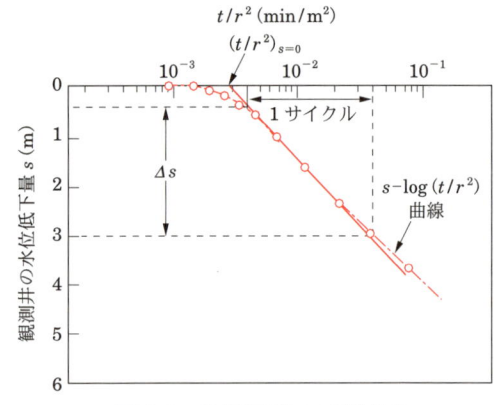

図-3.9 非平衡状態での試験結果

$$T=kD=\frac{2.3Q_w}{2\pi\Delta s}\quad(\text{m}^2/\text{min}) \tag{3.6}$$

$$k=\frac{T}{D}(\text{m/min})=\frac{100}{60}\frac{T}{D}\quad(\text{cm/s}) \tag{3.7}$$

$$S=2.25T(t/r^2)_{s=0} \tag{3.8}$$

透水量係数 T（$=kD$）は滞水層の透水量の指標となるもので，式(3.6)で求める（自由地下水では $T=kh_0$ となる）．

アドバイス

貯留係数 S

貯留係数 S は土の体積に対する自由水の比率を指し，k と同様，その土に固有の値である．自由地下水では体積含水率 θ（図-2.1 の関係で $\theta=V_w/V_s$ をいう）の変化量を意味し，単位体積の飽和土塊から動力排水される量を表す．これに対し被圧地下水では，水位低下に伴う滞水層の弾性圧縮率を示す．

S の小さな地盤は水位の変動がきわめて鋭敏で，ある地点に与えたインパクトが遠くまで伝達されやすい．例えば，T が大きく，S が小さいと，地下水位変動の伝播が速い．

　自由地下水では　$S=1\times10^{-2}\sim3.5\times10^{-1}$　程度
　被圧地下水では　$S=1\times10^{-4}\sim3.5\times10^{-3}$　程度

（2） 単孔式透水試験

原位置で透水係数 k を求める簡易な方法として広く普及している．この試験は，地盤調査時のボーリング孔を利用して行われることが多い．試験方法や結果の整理では個人差が生じやすいため，地盤工学会では試験方法を「ボーリング孔を利用した透水試験」として定めている．

試験方法には，図-3.10 に示す非定常法と図-3.11 に示す定常法の2種類がある．

●非定常法 （k が 1×10^{-2} cm/s 程度以下の地盤に適用）

孔内水位を一時的に低下または上昇させ，経過時間 t と水位の変化 s を測定して k を計算する．

直線部分の勾配　$m = \dfrac{\log(s_1/s_2)}{t_2-t_1}$　（s^{-1}）

〈透水係数 k（cm/s）の計算〉
- 自由地下水（L/D は 4 以上のこと）

$$k = \frac{0.66\,d^2\log(2L/D)}{L}m \quad (\text{cm/s})$$

- 被圧地下水（L/D は 2 以下のこと）

$$k = \frac{0.66\,d^2\log(4L/D)}{L}m \quad (\text{cm/s})$$

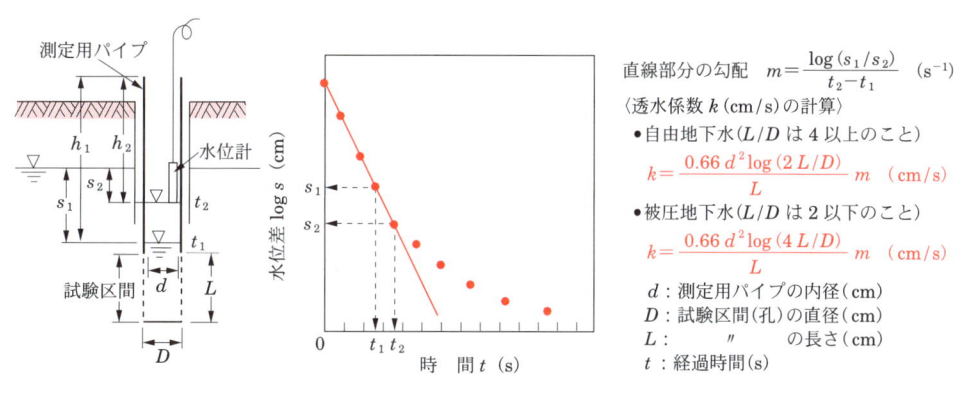

d：測定用パイプの内径（cm）
D：試験区間（孔）の直径（cm）
L：　〃　　　　　の長さ（cm）
t：経過時間（s）

図-3.10 非定常法による測定と透水係数の計算

●定常法 （k が 1×10^{-2} (cm/s) 程度以上の地盤に適用）

揚水または注水して孔内水位と流量 Q_0（cm^3/s）が一定となったときの値を求めて k を計算する．

〈透水係数 k（cm/s）の計算〉
- 自由地下水

$$k = \frac{1.15\,Q_0}{\pi s_0 L}\log(2L/D) \quad (\text{cm/s})$$

- 被圧地下水

$$k = \frac{1.15\,Q_0}{\pi s_0 L}\log(4L/D) \quad (\text{cm/s})$$

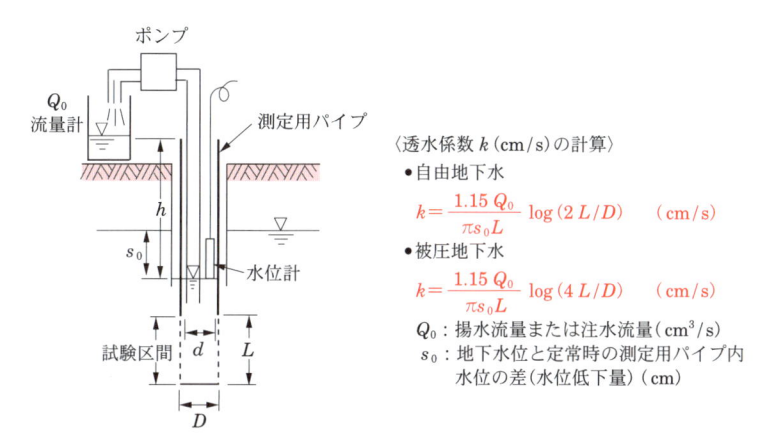

Q_0：揚水流量または注水流量（cm^3/s）
s_0：地下水位と定常時の測定用パイプ内水位の差（水位低下量）（cm）

図-3.11 定常法による測定と透水係数の計算

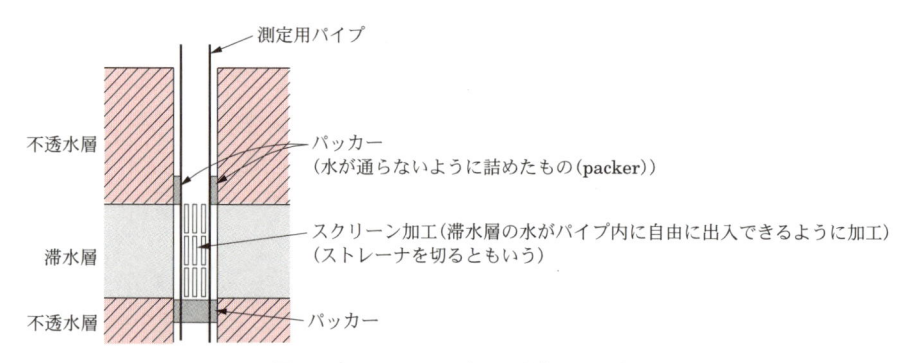

図-3.12 ボーリング途中の滞水層の測定

これらの測定法は，ボーリング孔先端部の局所的地盤の透水係数を求める場合に適用する．しかし，ボーリングした土層の途中に滞水層がある場合は，滞水層の透水係数の測定にも適用できる．測定用パイプは，図-3.12に示すように途中で滞水層にあたる部分をスクリーン加工しておき，上下の土層から水がまわり込まないようにシール材で加工（パッカーをかけるという）しておく．測定および計算は同様に行う．

（3） 地下水揚水の影響半径

井戸などから地下水を汲み上げたとき，周辺の地下水位が影響を受ける範囲を影響半径Rという．

影響半径Rは，地下水位低下量s，揚水量Q，揚水時間t，透水係数kに比例する．Rは，透水性がよい地盤ほど大きく，透水性が悪いほど小さく，表-3.4の値が目安となる．

またRは，自由地下水より被圧地下水のほうが大きい．以下にRの実験式を示す．

平衡状態　　　$R = 575\,s\sqrt{Dk}$　（m） (3.9)

$\qquad\qquad\quad R = 3\,000\,s\sqrt{k}$　（m） (3.10)

非平衡状態　　$R = 1.5\sqrt{T_t/s}$　（被圧滞水層の場合）　（m） (3.11)

ここに，s：揚水地点の水位低下量(m)，D：滞水層厚(m)，k：透水係数(m/s)，T：透水量係数(m^2/s)，t：揚水時間(s)，S：貯留係数

> 地下水位が低下すると，その分の浮力がなくなることで下層にある粘土層の有効応力が増え，沈下の原因となる．

表-3.4 揚水井戸の影響半径[10]

土 質		影響半径
区　分	粒　径(mm)	R (m)
粗　礫	＞10	＞1 500
礫	2～10	500～1 500
粗　砂	1～2	400～500
粗　砂	0.5～1	200～400
粗　砂	0.25～0.5	100～200
細　砂	0.10～0.25	50～100
細　砂	0.05～0.10	10～50
シルト	0.025～0.05	5～10

3. 透水量の計算

現場では，透水層を流れる透水量 q（m³/日）を計算しなければならないことがある．「2. 透水係数の測定」で説明したいずれかの方法で，あらかじめ透水層の透水係数 k を求め，透水量 q を式(3.3)の $q = kiA$ で計算する．

透水量を求める式はこれだけだが，動水勾配 i を求めた区間の透水断面積 A が変化するなど断面積を特定できない場合は，流線網を活用して求める．透水断面積 A が一定の場合は，直接その式を適用する．これとは別に，掘削工事で周囲からどれだけ地下水が浸透してくるか，また地下水の高いところで工事をするとき地下水を下げるにはどれだけ揚水すればよいかなどを判断するためにも，透水量を適切に設計しなければならない．この場合も，式(3.3)をもとに計算式が得られる．

3.1 流線網を利用する場合

土中の水の流れのようすを知るために，また透水量を計算したり，地下水面下にある構造物に作用する揚圧力を求めたりするために，流線網（フローネットともいう）をよく用いる．**流線網**とは，水の粒子が動く軌跡（**流線**という）と水頭が等しい点を結んだ線（**等ポテンシャル線**）とでできた網目を示す図のことである．

- 流線と等ポテンシャル線は直交する．
- 流線と等ポテンシャル線で囲まれる四辺形が正方形になるように描くこと．
- ABCD が長方形なら，等ポテンシャル線間を整数で等分割すれば，流線間の数は整数とはならないことがある．

等ポテンシャル線をイメージするには，山の等高線を考えればよい．（山頂で水を流せば，等高線に直交する最急勾配の方向に水は流れる）．

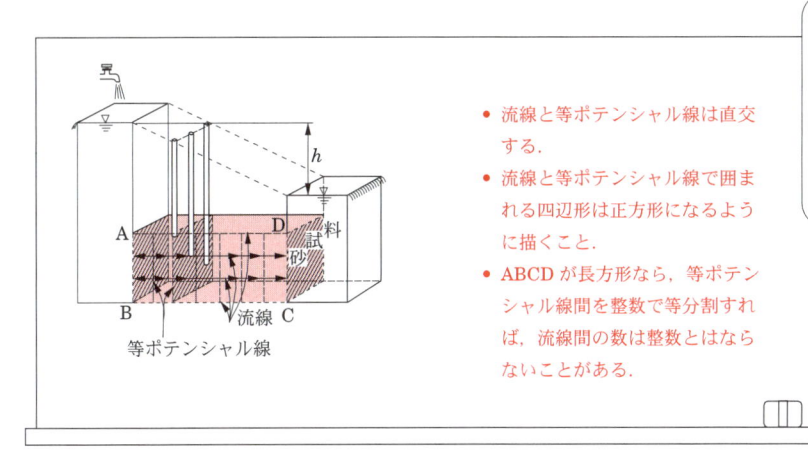

図-3.13 流線網の説明

図-3.13の場合は，水頭差 h が AB → CD に流れる過程で消費される．AB 上の水頭は等しいので AB は等水頭線になり，これを等ポテンシャル線という．CD 線も同様である．砂試料 ABCD 内の等ポテンシャル線は砂が均一であれば，図の破線のように AB，CD 線に平行となる．また，透水性が均一であれば，各等ポテンシャル線の間隔を等しくとると，隣り合う等ポテンシャル線の水頭差は等しくなる．図-3.13の場合，等ポテンシャル線間は 7 つであり，隣り合う等ポテンシャル線間の水頭差は $h/7$ となる．

流線と等ポテンシャル線に囲まれる四辺形が正方形になるように流線を描くので，図中，流線ではさまれる帯の数は3となる．

流線網を利用すると，透水する土の断面積Aが流れに沿って変化する場合や，Aを決めることができない場合でも，透水量を容易に求めることができる．

流線網を利用した透水量の計算は次式で行う．

$$q = k \cdot h \cdot \frac{n_f}{n_d} \quad (\text{m}^3/\text{日}) \tag{3.12}$$

ここに，k：透水層の透水係数(m/日)，h：水頭差(m)，n_f：流線ではさまれる帯の数，n_d：等ポテンシャル線ではさまれる帯の数．この透水量qは奥行1mあたりについての量である．

いま，透水層に止水矢板を打ち込んだ場合の流線網の例を示すと，図-3.14のようになる．

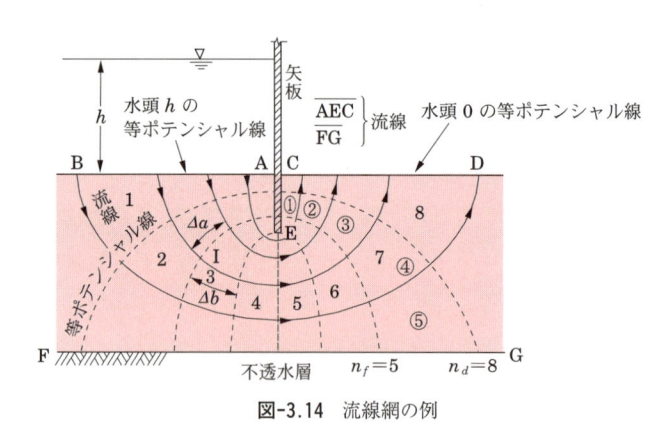

図-3.14 流線網の例

矢板の左右で流線網が同じ形になるよう流線を描く．網目は正方形には描けないが，各網目を円に外接させるようにする．

アドバイス

流線網を利用して式(3.12)で透水量が計算できる

① 図の一つの網目（例えばI）を考えたとき，流線の長さはΔbで，この間の水頭差は，全体の水頭差hをn_d個に等分しているのでh/n_dとなる．つまり，動水勾配は$i = (h/n_d)/\Delta b$となる．

② Iの網目を流れる透水量q_Iは，奥行に単位長さ(1m)をとれば断面積$A = \Delta a \times 1$となるので

$$q_I = kiA = k \times \left(\frac{h/n_d}{\Delta b}\right) \times (\Delta a \times 1)$$

$$= k \times \frac{h}{n_d} \times \frac{\Delta a}{\Delta b} \quad (\text{m}^3/\text{日})$$

③ 網目は正方形になるように描かれていて，$\Delta a = \Delta b$であるから

$$q_I = k \times (h/n_d) \quad (\text{m}^3/\text{日})$$

④ 一つの網目の透水量は，流線ではさまれる流路帯1本の透水量そのものを表しており，全体の透水量は流路帯がn_f個あるため，上式をn_f倍して求める．

$$q = n_f \times q_I = kh \cdot \frac{n_f}{n_d} \quad (\text{m}^3/\text{日})$$

例題 図-3.15 に示すような細砂でつくられた均質なアースダムの1日あたりの透水量 q (m³/日) を求めよ. ただし, 透水係数 $k = 2.4 \times 10^{-2}$ cm/s とする.

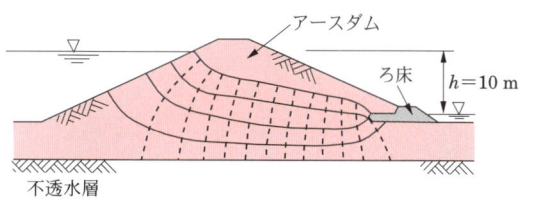

図-3.15 アースダムを浸透する流線網

(**解**) まず, 透水係数 k を m/日 の単位に直す.

$$k = 2.4 \times 10^{-2} \text{(cm/s)} = 2.4 \times 10^{-2} \times \frac{1/100 \text{(m)}}{1/(60 \times 60 \times 24) \text{(日)}}$$

$$= 2.4 \times 10^{-2} \times \frac{60 \times 60 \times 24}{100} = 20.7 \text{ m/日}$$

式 (3.12) における n_f, n_d は, $n_f = 4$, $n_d = 13$ と求められる.

$$q = k \cdot h \cdot \frac{n_f}{n_d} = 20.7 \times 10 \times \frac{4}{13} = 63.7 \text{ m}^3/\text{日}$$

3.2 透水断面積が一定の場合

透水層を浸透する水量は, 一般的には流線網を利用して求めることができるが, 不透水層に透水砂層をはさんだりする場合で, 透水断面積が一定であれば, 式 (3.3) を用いて透水量を直接計算できる.

例題 図-3.16 の場合, 河川敷の洗掘されたところから砂層を通って堤内地へ漏水している漏水量 q が, 堤防の奥行 1 m あたり 1 日いくらか求めよ.

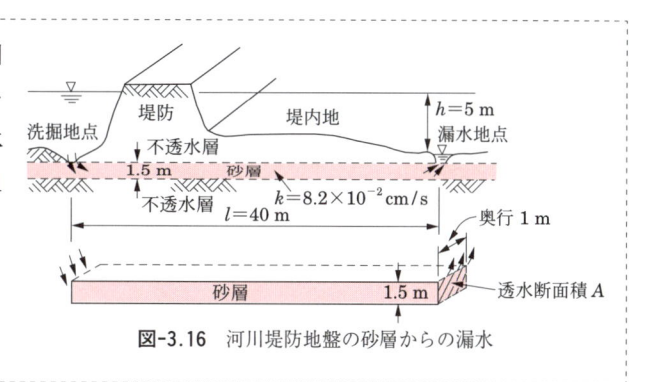

図-3.16 河川堤防地盤の砂層からの漏水

(**解**) 漏水量は1日あたりで求めるので, 透水係数を m/日 の単位に直すと

$$k = 8.2 \times 10^{-2} \text{ cm/s} = 8.2 \times 10^{-2} \times \frac{60 \times 60 \times 24}{100} = 70.8 \text{ m/日}$$

透水断面積 A は　$A = 1.5 \times 1 = 1.5 \text{ m}^2$

動水勾配 i は　　$h = 5$ m, $l = 40$ m から $i = \dfrac{h}{l} = \dfrac{5}{40} = 0.125$

したがって, 漏水量 q は式 (3.4) から

$$q = kiA = 70.8 \times 0.125 \times 1.5 = 13.3 \text{ m}^3/\text{日}$$

3.3 掘削現場での透水量の予測

建設工事では，地下水位より低い位置まで掘削することがあり，このとき，まわりから水が透水してくる．工事を安全に行うためには，流れ込む水量の予測や，掘削域の外側などで排水するウェルポイント（真空をかけて水を排水する井戸）やディープウェル（深い位置まで井戸を掘削しポンプで排水する井戸）の設計が必要になる．

設計する深さまで掘削したとき，排水を継続したまま，まわりから流れ込む水量を計算し，排水に必要な井戸の本数を計算していく．

井戸の直径や滞水層への設置条件から限界揚水量を計算し，排水しなければならない透水量を考慮して井戸本数を設計する．

掘削域への透水量の計算や揚水量の計算は，ダルシーの法則による式（3.2）から導かれた透水係数を求める式を，透水量 Q について表した式で行う．地盤調査によって透水係数 k を求めるときに用いた式を，Q について表した式を使って透水量 Q を求めていく．

例えば，掘削面が矩形状の現場では（定常浸透の場合）

● 仮想井戸半径 r_0 を次のどれかで求める．

$$等価な周長をもつ井戸半径 \quad r_0 = \frac{a+b}{\pi} \quad (\text{m}) \tag{3.13}$$

$$等価な面積をもつ井戸半径 \quad r_0 = \sqrt{\frac{a \times b}{\pi}} \quad (\text{m}) \tag{3.14}$$

● 掘削面で h_1 の水位を保つ透水量 Q は次式で求める．

$$Q = \pi k \frac{h_0^2 - h_1^2}{2.30 \log(R/r_1)} \quad (\text{m}^3/\text{s}) \tag{3.15}$$

ここに，k：滞水層の透水係数（m/s），R：影響半径（m）（便宜的に表-3.4を利用してもよい）

この Q から必要な排水井戸本数を決める．

● Q の揚水による周辺の地下水位 h は次式で推定できる．

$$h^2 = \frac{2.30\,Q}{\pi k} \log\left(\frac{r}{r_1}\right) + h_1^2 \tag{3.16}$$

または

$$h^2 = h_0^2 - \frac{2.30\,Q}{\pi k} \log\left(\frac{R}{r}\right) \tag{3.17}$$

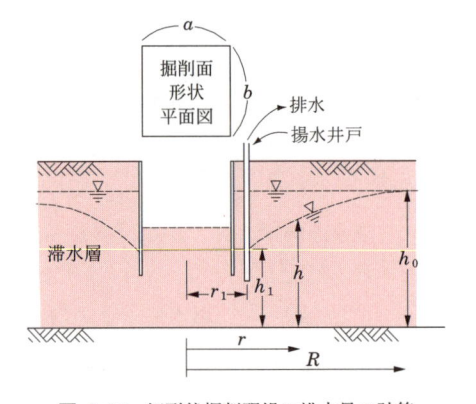

図-3.17 矩形状掘削現場の排水量の計算（定常浸透の場合）

4. 毛管現象と土の凍上

　地下水面より上では，毛管作用により水が吸い上げられる．毛管水は，重力によって動く地下水と異なり，水の表面張力によって移動し，土にいろいろな作用を及ぼす．例えば，寒冷地で土が凍るときも，毛管水は重要な働きをしている．毛管水は，地下水面より上の土層の強度や安定計算を考えるとき有効応力に影響するなど安全側の働きをしているが，まだ十分に解明されていないため，土の力学的な設計に取り入れられていない．

　ここでは，毛管現象の基礎的な性質や寒冷地での土の凍上について述べる．

4.1 土の毛管作用とサクション

　水の表面には，水分子の働きによって表面張力が作用している．図-3.18のように細いガラス管を水中に直立させると，表面張力によって水は管内を上昇し，表面はへこんだ曲面をなし一定の高さ h_c に達して止まる．

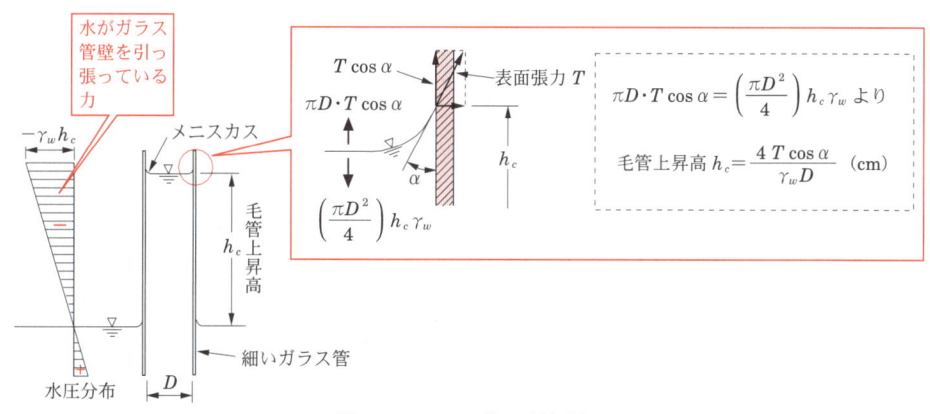

$$\pi D \cdot T \cos \alpha = \left(\frac{\pi D^2}{4}\right) h_c \gamma_w \text{ より}$$

$$\text{毛管上昇高 } h_c = \frac{4 T \cos \alpha}{\gamma_w D} \text{ (cm)}$$

図-3.18 ガラス管の毛管現象

　土の間隙は，複雑な網目状の毛細管と考えればよい．それらは互いにつながっていて，地下水面より上は毛管作用によって水が吸い上げられ，ある高さまで上昇し，毛管水帯ができる．土の間隙をなす毛細管は円管状でなく，大きさがまちまちなので，毛管上昇高も一様ではない．これらを土中の水分状態まで含めて模式的に示すと，図-3.19のようになる．

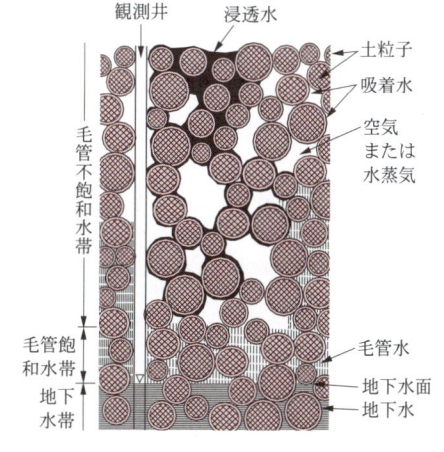

図-3.19 土中の毛管現象と水の分布状態

> **アドバイス**
>
> **毛管上昇高の推定**
> 平均的な土中の毛管水の上昇高 h_c は次式で推定できる．
> $$h_c = \frac{C}{eD_{10}} \quad \text{(cm)} \tag{3.18}$$
> ここに，C：粒径および表面の不純度などで決まる定数（0.1～0.5の範囲で変化する）（cm²），e：間隙比，D_{10}：有効径（cm）

　毛管作用で吸い上げられた水は，表面張力によってまわりの土粒子を互いに引きつける働きをする．引きつける力は大気圧より低い負圧であり，この大きさを**毛管圧**，絶対値を**サクション**という．

　湿った砂では，サクションの作用により鉛直に切り取れるというように，見かけの粘着力が生じる．土が乾燥すれば体積が収縮するのはサクションの働きによるもので，土を採取すれば拘束圧がなくなって膨張が予想されるものの，実際にはほとんど膨張しないということも土のサクションの働きによるものである．また，地中において地下水面より上の毛管水帯ではサクションが働いているので，毛管水帯での有効応力は，通常，計算される土かぶり圧よりその分だけ増えている．

　これまで土中で保有していたサクションの値が何らかの原因で変われば，水分の移動が始まる．この移動がなくなったときの含水比を平衡含水比という．種々の土の平衡含水比とサクションの関係の測定例を図-3.20に示す．

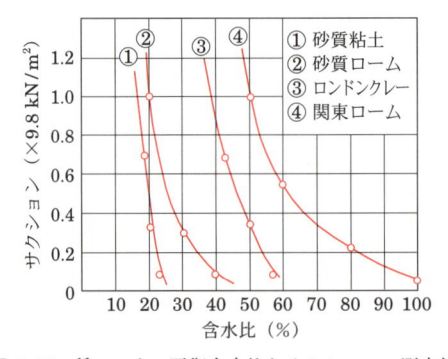

図-3.20 種々の土の平衡含水比とサクションの測定例[11]

湿った砂がくずれないのはサクションが働くからである．

> **アドバイス**
>
> **サクションの大きさ**
> 　毛管上昇高が $h_c = 0.5\,\text{m}$ であれば
> $$\text{毛管圧 } p = -h_c\gamma_w = -0.5\,\text{m} \times 9.8\,\text{kN/m}^3 = -4.9\,\text{kN/m}^2$$
> となる．したがってサクション s は
> $$s = 4.9\,\text{kN/m}^2$$
> となる．

4.2　土の凍上

　寒い地方では，大気の温度が氷点下になり，その状態が長い時間続くと，土中の水分が凍結する．凍結は，降雪地帯では抑制され，積雪の少ない寒冷地域では大きい．凍結層ができると，図-3.21 に示すように凍結していないところからの水の移動を引き起こし，凍結層がどんどん増える．このように土が凍結すると，凍結していないところから水分が移動し凍結する範囲が広がっていくのは

・水分が凍り含水比が見かけ上低下し，サクションが増大して深部からの毛管上昇を促進する
・温度差により水分の移動が生じる

ためと考えられている．

　なお，細粒土で氷質化する水は毛管水と呼ばれる．

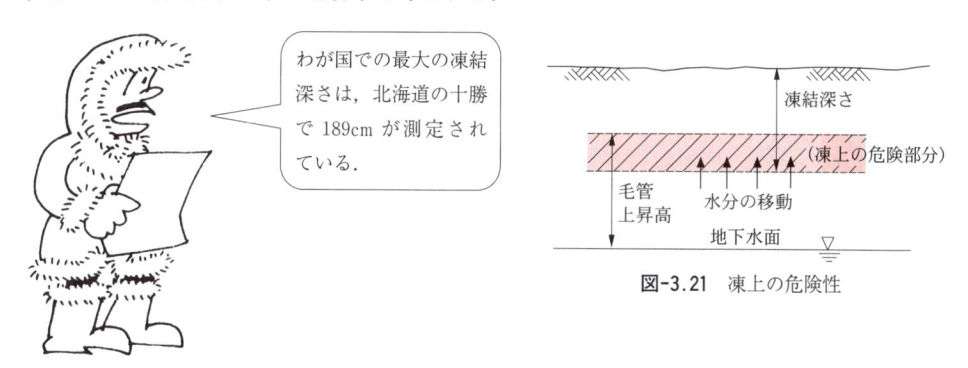

わが国での最大の凍結深さは，北海道の十勝で 189cm が測定されている．

図-3.21　凍上の危険性

　水が凍ると体積が約 9% 増加する．体積が膨張するときの圧力は非常に大きい．土の凍結は下方から水分の供給を受けながら進むので，土の体積が著しく膨張する．土の体積増加量は水自体の体積増加量よりはるかに大きく，細粒土では 100% 以上になることがあり，地表面が 20cm 以上持ち上げられることも珍しくない．凍結による土の体積膨張で地表面が持ち上げられる現象を**土の凍上**という．舗装面下でこのようなことが起これば，舗装に有害な変形を起こす．また，凍結部分が融ければ，大量の水分が一時に出るので，地盤は軟弱化し支持力を失う．

　凍害を受けやすい土の粒度の範囲を図-3.22 に示す．凍上の起こる寒冷地では，路盤や路床の凍上を防ぐ対策を講じておくことが大切である．

　地盤の凍上問題は寒冷地だけのものではない．軟弱地盤での地盤凍結工法の使用に伴う周囲の地盤の凍結や，液化天然ガス（LNG）タンクのまわりの半永久的な土の凍結などでも問題が生じており，対策がとられている．

アドバイス

液化天然ガス（LNG：Liquefied Natural Gas）の貯蔵

　都市ガスでよく用いられる LNG は，液化されて地下タンクで保存されている．LNG は常温では気体であるが，液化すると体積で約 1/600 となるので液化して貯蔵される．液化すると －162℃ になってタンクのまわりは半永久的に凍結し，凍結範囲も広がっていくため，凍上が伝わらないよう断熱材でタンクをおおい，側面や底面に電気ヒーターを設置し対処している．

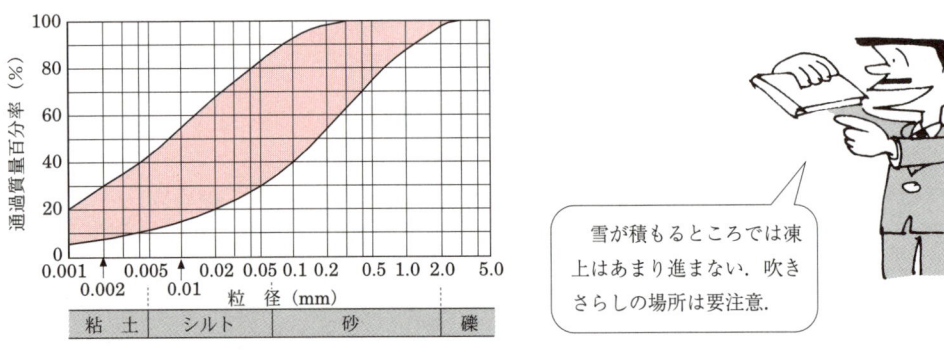

図-3.22 凍害を受けやすい土の粒度の範囲[12]

雪が積もるところでは凍上はあまり進まない．吹きさらしの場所は要注意．

凍上や凍害を防ぐ対策には次のようなものがある．
① 不良な土層は凍害の少ない材料で置き換える．これには粗粒材料がよい．
（ベスコウ（Beskow）によると，凍上の危険のない土は，0.125 mm 以下の粒子が 22％以下，もしくは 0.062 mm 以下の粒子が 15％以下のものである）
② 水の補給を断つ
　・地下水位を低下させる排水方法をとる．
　（地下水位が地表面から 1.8 m 以下になると，凍結層の成長が困難になるといわれる）
　・下層土中にしゃ断層を設置する．
　（不透水性の粘土，歴青もしくはコンクリートのしゃ断膜を用いる）
③ 凍結深さを減少させるため土中に断熱材料（例えば発泡スチロールなど）を埋め込む．
④ 地表の土を化学薬液で処理する．

アドバイス

凍結を活用する地盤凍結工法と凍結サンプリング

　土は凍結すると岩石のように硬くなる．都市部での軟弱地盤の掘削工事は困難を伴うため，掘削するまわりの地盤を一時的に凍結させて止水や壁体として利用する地盤凍結工法が用いられることがある．
　また，砂や礫を従来のサンプリング方法で乱さない状態で採取することは困難なため，地盤に凍結管を挿入し，まわりの地盤を凍結させ，凍結した状態で乱さない砂や礫を採取する凍結サンプリングの方法が用いられている．この方法は，砂や礫を完全に乱さないで採取できる方法ではあるが，費用がかかるため，実用は少ない．

第4章　地中の応力

　地盤上に盛土や構造物が建設されれば，荷重によって新たな応力が地中に伝えられ，地中の応力は荷重による応力の分だけ増え，増加した応力によって，地盤が沈下したり破壊したりすることがある．地盤の沈下量を求めたり，破壊に対して安全かどうかを検討する場合，まず荷重によって地中に生じる増加応力の大きさを知る必要がある．第5章「土の圧密」で説明する地盤の沈下は増加応力によって生じるのであり，沈下量の計算には本章の知識が前提となる．

　また，土中の水に流れがあるとき，水の浸透速度に応じて土粒子間の応力に変動が生じ，その勢い（動水勾配 i で表される）に応じて土粒子が応力を受け，土構造物などの破壊につながることがある．浸透流に伴って作用する応力も，地盤の安定を考えるうえで大切である．

　本章では土の自重による応力の計算，荷重による地中応力の伝わり方，いろいろな荷重による増加応力の計算方法について説明する．また，浸透流による地中応力の変化や，この変化によって生じる破壊現象およびその判定法についても解説する．

1. 載荷前の地中の応力——土かぶり圧

地中のある水平面を考えたとき，その面はそれより上の土の自重による応力を受けている．土の自重による応力を土かぶり圧という．構造物を設計するとき，建設前に作用していた土かぶり圧を求め，次に構造物による増加応力を計算し，増加応力による土の挙動を予測する．基礎の設計では，まず土かぶり圧の計算が必要となる．土かぶり圧は，下水道や地下鉄など地盤内の構造物建設でも重要で，計算には土の単位体積重量と地下水位の情報が必要である．

1.1 全応力と有効応力——応力を考えるときの土の見方

土は，図-2.1で示したように土粒子骨格と間隙でできていて，間隙は互いにつながり，地下水位より下では地下水で飽和している．

土粒子が骨格をなす土に加えられた力が土粒子骨格に伝達されるようすは，図-4.1のようなばねをもつピストンの模型で説明できる．この構成は砂も粘土も同じと考える．ピストンのふたに開けられている小孔は土の透水性に，ばねは土粒子骨格に，ピストン内の水は間隙水に対応している．

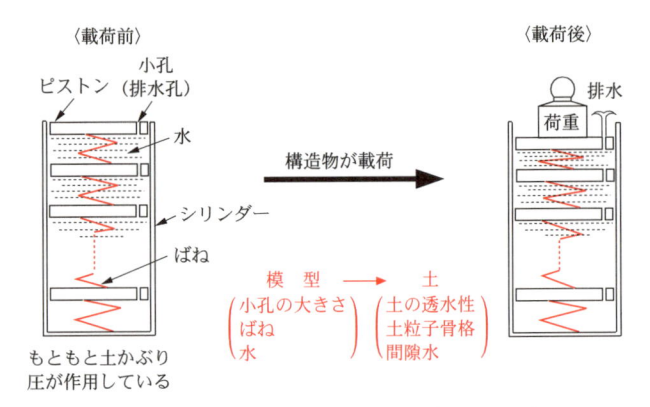

図-4.1 土の構造をピストンの模型で表した場合

いま，土かぶり圧を図-4.2の深さ z の微小立方体の要素Aで考えるにあたり，地下水がない場合の(a)と地下水位がある場合の(b)に分ける．

(a)の要素Aには，上から土の重量が作用している．これは要素Aの土の柱の重さであり，全応力という．重量は，土の単位体積重量 γ_t に深さ z を掛けて求める．要素Aには水圧など他の力は作用していないので，この場合の全応力は，ばねすなわち土粒子骨格に有効に働き，**有効**

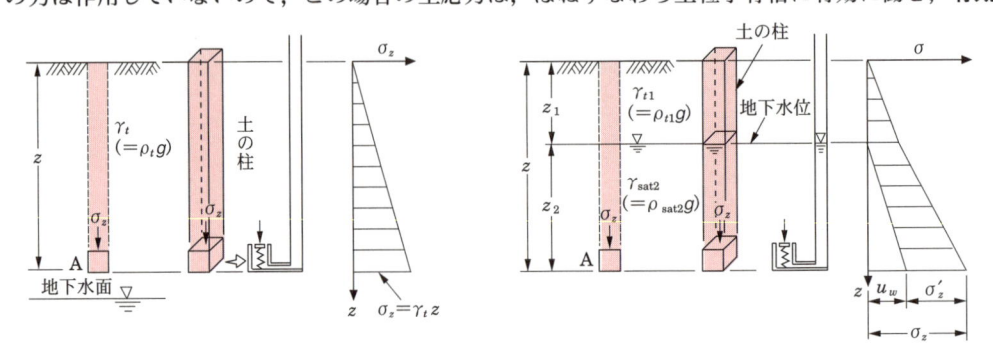

(a) 考える点Aより地下水位が下にあるとき　　(b) 考える点Aより地下水位が上にあるとき

図-4.2 土の自重による応力の考え方

応力と呼ばれる．

(a)の場合 　　全応力＝有効応力 　　$\sigma_z = \sigma_z' = \gamma_t z$ 　(kN/m²) 　　　(4.1)

これに対し(b)では，地下水面下にある土は飽和しており，その部分の土の単位体積重量は飽和単位体積重量 γ_{sat} となり，地下水面より上と下に分けて土の重量を足し合わせることで要素Aに働く全応力は

(b)の場合 　　全応力 　　$\sigma_z = \gamma_{t1} z_1 + \gamma_{sat2} z_2$ 　(kN/m²) 　　　(4.2)

ところが(b)では，地下水面下にあるため，水面からの深さに応じた静水圧が働いている．この水圧は間隙内の水圧であることから，**間隙水圧**と呼ばれ，次式で与えられる．

要素Aの間隙水圧 　$u_w = \gamma_w z_2$ 　(kN/m²)

つまり，要素Aでは上からの全応力 σ_z をピストンのばねの力と水圧 u_w で支えていることになる．このとき，ばねに働く力すなわち有効応力 σ_z' は

有効応力 σ_z' ＝全応力−間隙水圧＝$\sigma_z - u_w = \gamma_{t1} z_1 + \gamma_{sat2} z_2 - \gamma_w z_2$
$$= \gamma_{t1} z_1 + (\gamma_{sat2} - \gamma_w) z_2 = \gamma_{t1} z_1 + \gamma_z' z_2 \quad (kN/m^2) \quad (4.3)$$

有効応力は，地下水面下では水中単位体積重量 γ' を用いて計算する．

土の自重による鉛直方向の有効応力を，**有効土かぶり圧**または単に**土かぶり圧**という．地下水面下における構造物の設計では，土かぶり圧とは別に水圧も考えなければならない．

ここで例題を示そう．図-4.3の深さ7mの点Aにおける土かぶり圧 σ_A' を求めるものとする．

地下水位より上の部分と下の部分に分けて足し合わせる．まず全応力と間隙水圧を求め，土かぶり圧（有効応力）を計算する．

全応力 　　$\sigma_A = \gamma_1 z_1 + \gamma_2 z_2 + \gamma_{sat} z_3$
$\qquad = 19.0 \times 2 + 17.0 \times 2$
$\qquad + 17.5 \times 3 = 124.5$ kN/m²

間隙水圧 　$u_w = \gamma_w z_3 = 9.8 \times 3 = 29.4$ kN/m²

土かぶり圧 　$\sigma_A' = \sigma_A - u_w = 124.5 - 29.4$
$\qquad = 95.1$ kN/m²

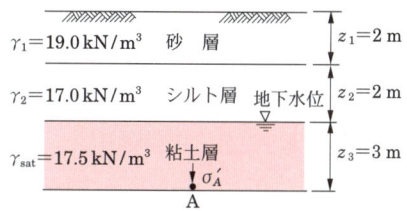

図-4.3 いくつかの層で構成される地盤の土かぶり圧

なお，土かぶり圧 σ_A' は式(4.3)の関係を直接適用して求めることもできる．

アドバイス

地下水位が下がると土かぶり圧は増える

地下水位が下がると，受けていた浮力の分 $\gamma_w z$ だけ土かぶり圧が増える．地下水の汲み上げで地盤沈下が起きるのはこのためである．工事で地下水位を下げたときにも周辺で同じことが起きるので注意が必要！

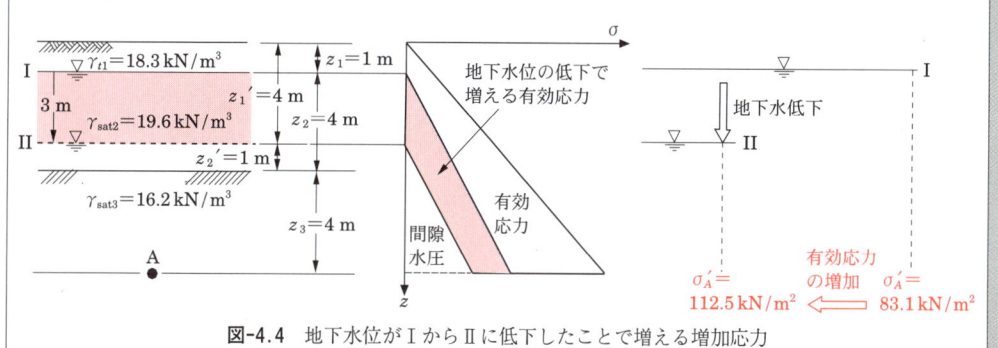

図-4.4 地下水位がⅠからⅡに低下したことで増える増加応力

2. 載荷重による鉛直方向の増加応力の計算

載荷重によって地盤内に生じる増加応力のうち，設計で最も必要とされる事例は，圧密沈下の計算を行う場合に必要な鉛直方向の増加応力である．増加応力は，地盤を等方等質の弾性体と仮定して求めたブーシネスク（Boussinesq）の式を用いて求める．鉛直方向の応力成分は，材料の特性にまったく依存せずに求めることができる．

以下に，いろいろな載荷重による鉛直方向の増加応力の計算方法を示す．

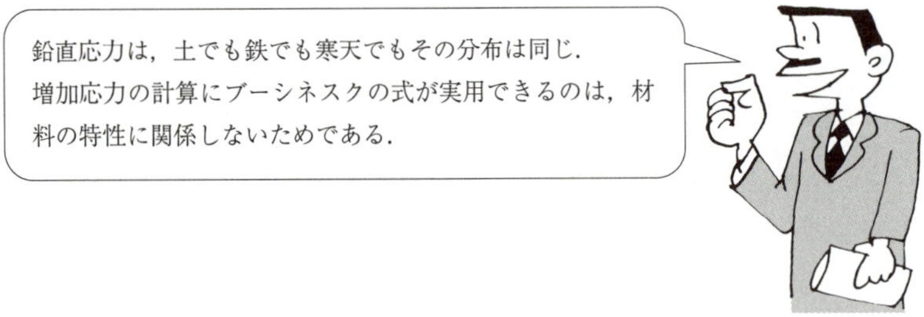

> 鉛直応力は，土でも鉄でも寒天でもその分布は同じ．増加応力の計算にブーシネスクの式が実用できるのは，材料の特性に関係しないためである．

2.1 集中荷重による鉛直方向の増加応力

地表面に集中荷重 P が作用する場合，図-4.5 に示すように載荷点から r の距離にある深さ z の鉛直方向の増加応力 $\Delta\sigma_z$ を，ブーシネスクは次式で表した．

$$\Delta\sigma_z = \frac{3Pz^3}{2\pi R^5} = \frac{3Pz^3}{2\pi(\sqrt{r^2+z^2})^5} = \frac{3Pz^3}{2\pi(z\sqrt{r^2/z^2+1})^5} = \frac{P}{z^2}I_p \quad (\mathrm{kN/m^2}) \qquad (4.4)$$

$$I_p = \frac{3}{2\pi}\frac{1}{(1+r^2/z^2)^{5/2}}$$

ここに，I_p は影響値またはブーシネスク指数という．

> この式は土の材料特性に関係しない．

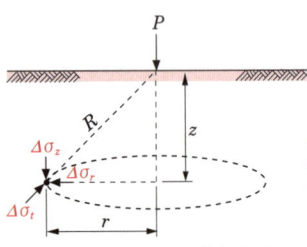

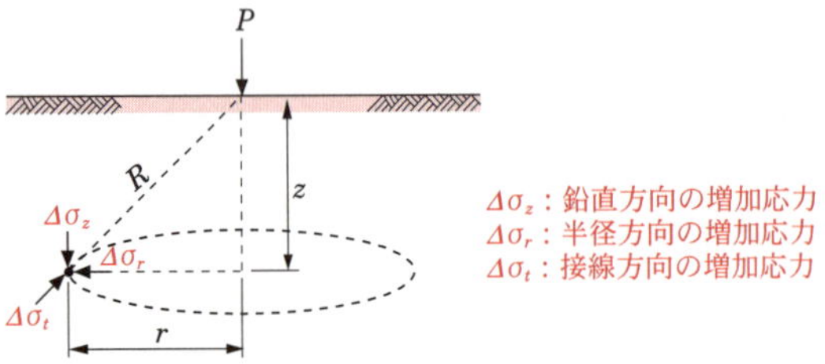

$\Delta\sigma_z$：鉛直方向の増加応力
$\Delta\sigma_r$：半径方向の増加応力
$\Delta\sigma_t$：接線方向の増加応力

図-4.5 集中荷重による増加応力

例題 地表面に1MNの集中荷重が載荷されている．載荷点から水平に2m離れ，地中5mの点に生じる鉛直方向の増加応力 $\Delta\sigma_z$ を求めよ．

（解） $r=2\,\text{m}$, $z=5\,\text{m}$ であるから

$$I_p = \frac{3}{2\pi}\frac{1}{(1+r^2/z^2)^{5/2}} = \frac{3}{2\pi}\frac{1}{(1+2^2/5^2)^{5/2}} = 0.33$$

$$\Delta\sigma_z = \frac{P}{z^2}I_p = \frac{1\,000}{5^2}\times 0.33 = 13.2\,\text{kN/m}^2$$

集中荷重がいくつか作用したり面積をもって作用する場合は，図-4.6のようにそれぞれの P_i による増加応力 $\Delta\sigma_{zi}$ を別々に求め足し合わせればよい．

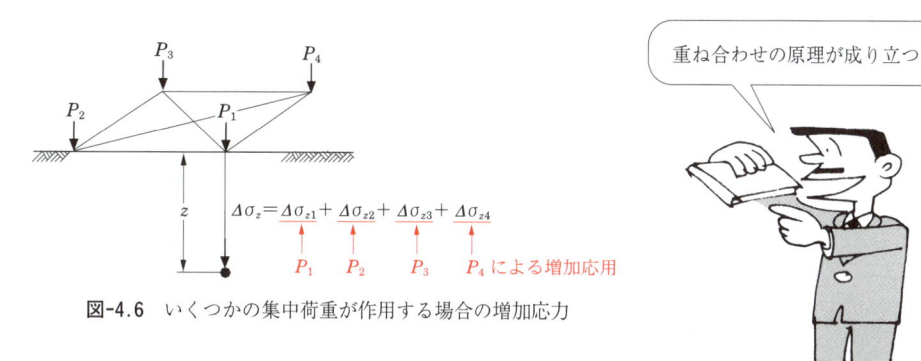

図-4.6 いくつかの集中荷重が作用する場合の増加応力

線上に分布して作用したり，ある面積で作用する場合には，微小幅または微小面積の荷重を集中荷重に置き換えて式(4.4)で増加応力を求め，重ね合わせの原理により，それを作用する範囲まで積分して全体の荷重による増加応力を求める．2.3で説明する計算式も，同様の方法で導いたものである．

アドバイス

線上に等分布荷重が作用する場合の増加応力

図-4.7のように微小幅 dy に作用する荷重 qdy による増加応力 $d\sigma_z$ を式 (4.4) で求め，分布する範囲にわたって重ね合わせていく．すなわち，積分することで求める．

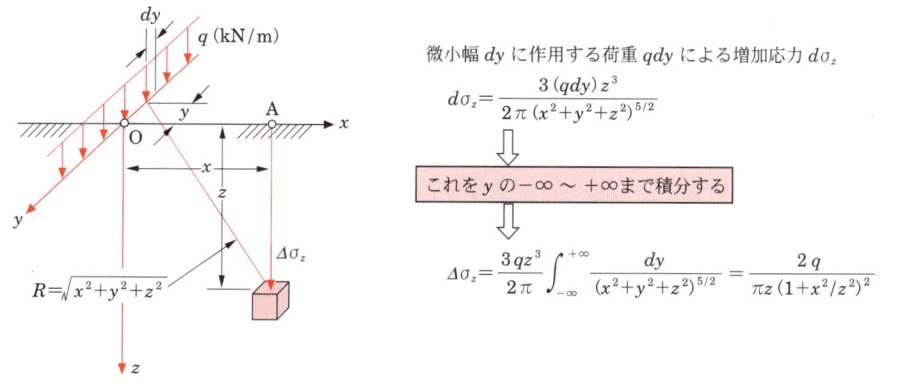

微小幅 dy に作用する荷重 qdy による増加応力 $d\sigma_z$

$$d\sigma_z = \frac{3(qdy)z^3}{2\pi(x^2+y^2+z^2)^{5/2}}$$

これを y の $-\infty \sim +\infty$ まで積分する

$$\Delta\sigma_z = \frac{3qz^3}{2\pi}\int_{-\infty}^{+\infty}\frac{dy}{(x^2+y^2+z^2)^{5/2}} = \frac{2q}{\pi z(1+x^2/z^2)^2}$$

$R=\sqrt{x^2+y^2+z^2}$

図-4.7 分布荷重が作用する場合の増加応力計算の考え方

2.2 応力の伝達——圧力球根

2.1で求めた鉛直方向の増加応力は，載荷点から深くなるに従って，あるいは離れるに従って小さくなる．

荷重の載荷面下のいろいろな深さの水平面に分布する鉛直方向の増加応力のうち，大きさが等しい点を結んで得られる曲線は**圧力球根**と呼ばれる．圧力球根のようすは図-4.8のようである．

図中の実線は，地盤上の正方形載荷面に等分布荷重 q が作用した場合の，鉛直方向の増加応力が q の0.2倍である点を結んだ圧力球根で，この深さは基礎幅 B の約1.5倍である．

増加応力が $0.2q$ の大きさの圧力球根がどのような深さに達するか，等分布荷重が $B \times L$ の長方形荷重面に作用する場合で調べたのが図-4.9である．

> 載荷重 q が特に大きくない限り，q が地盤に影響する範囲は，増加応力の大きさが $0.2q$ の深さまでである．

図-4.8 正方形載荷面に等分布荷重 q が作用した場合の圧力球根

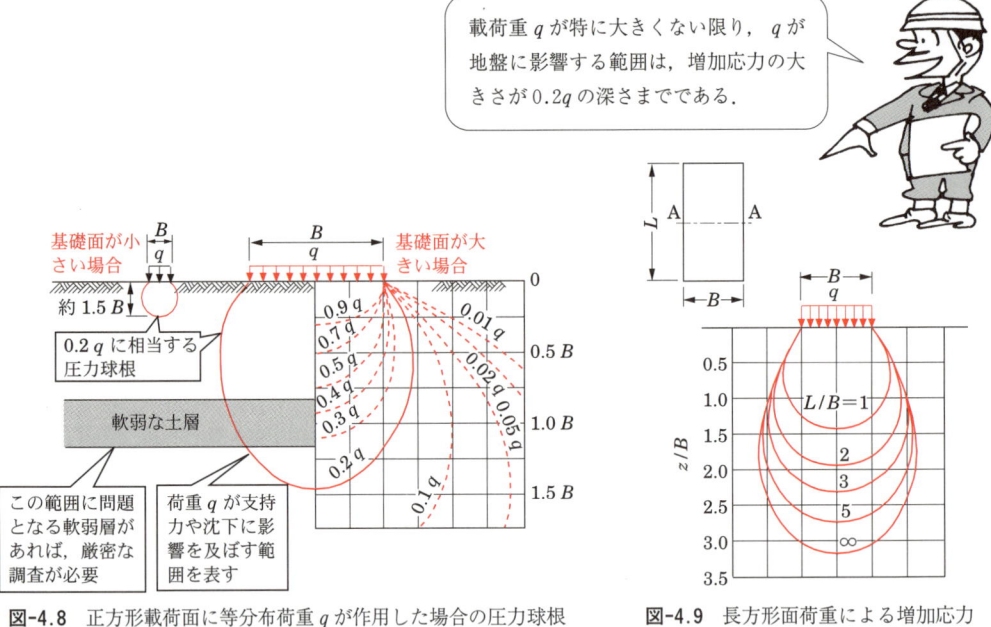

図-4.9 長方形面荷重による増加応力が $0.2q$ の圧力球根[13]

アドバイス

構造物の設計に必要な地盤の深さ

図-4.9で示した圧力球根の深さは，構造物の設計・施工で調査すべき深さを判断するのに役立つ．調査に必要な深さは，表-4.1のように構造物ごとに異なる．

表-4.1 ボーリング調査を行う深さ[1]

工事の種類	ボーリングの深さ	
	普通の土層	軟弱な土層
高層建築物，橋脚・橋台など	基礎幅の最小辺長の3倍（6 m以上）	支持層の上面よりさらに5 m
道路・鉄道	切土部：道路舗装面・鉄道の道床面から2 m程度 盛土部：元の地盤面から盛土高さ程度	支持層に達するまで
フィルダム	高さに等しい深さ	
土取り場	地表面から10 m程度	

2.3 長方形載荷面上の等分布荷重による鉛直方向の増加応力

長方形載荷面上の等分布荷重による隅角部直下の鉛直方向の増加応力 $\Delta\sigma_z$(図-4.10(a))を，ニューマーク(Newmark)は次のように求めた．

$$\Delta\sigma_z = \frac{q}{2\pi}\left\{\frac{mn}{\sqrt{(m^2+n^2+1)}}\frac{m^2+n^2+2}{(m^2+1)(n^2+1)}+\sin^{-1}\frac{mn}{\sqrt{(m^2+1)(n^2+1)}}\right\}$$
$$= qf_B(m,n) \quad (\text{kN/m}^2) \tag{4.5}$$

この関数 $f_B(m,n)$ は影響値と呼ばれ，式(4.5)から求められるが，図-4.10(b)を利用してもよい．

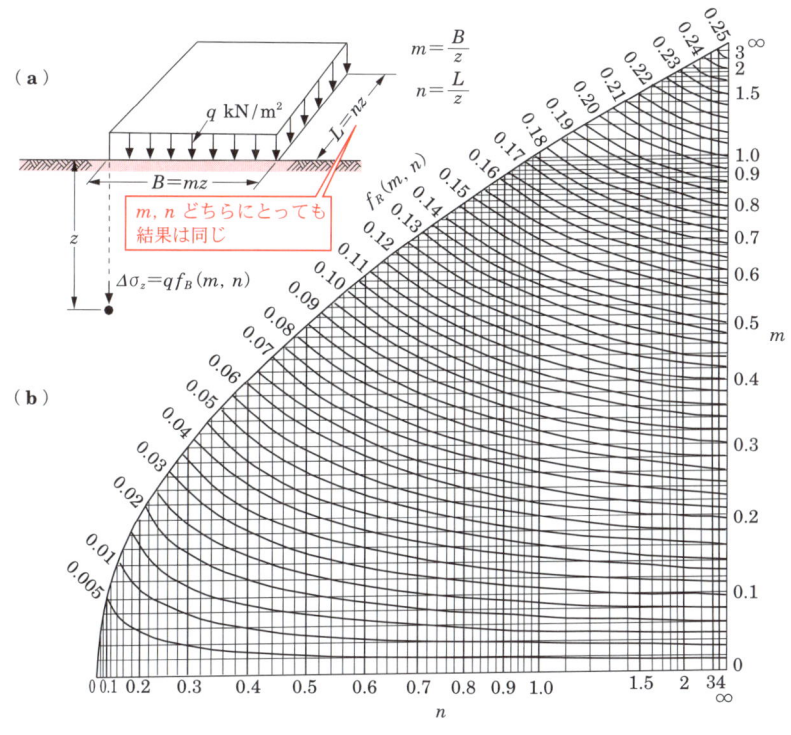

> この式は，ブーシネスクの式(4.4)により，微小領域荷重による増加応力を載荷領域全体に重ね合わせの原理を適用(積分)して求めた．
> $\sin^{-1}(\ )$ の計算を関数電卓で行うときは角度をRAD(ラジアン)モードにしておくこと．

〈$f_B(m,n)$ の読取り方〉

$f_B(1.5, 2.0) = 0.223$

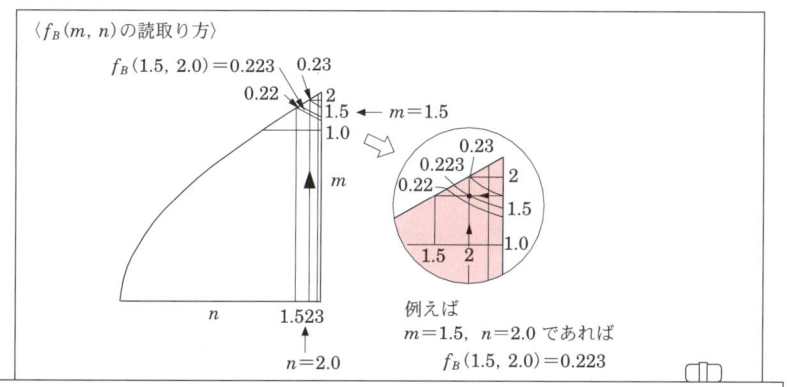

例えば
$m=1.5$，$n=2.0$ であれば
$f_B(1.5, 2.0) = 0.223$

図-4.10 長方形載荷面上の等分布荷重に対する $f_B(m,n)$ を求める図 [13]

例題 図-4.11 の載荷面に $50\,\text{kN/m}^2$ の等分布荷重が作用している．点 C における地中の深さ 10 m のところに生じる鉛直方向の増加応力 $\Delta\sigma_z$ を求めよ．

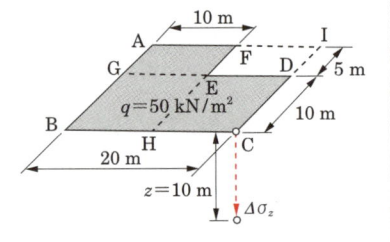

図-4.11 長方形でない載荷面の場合

(解) 点 C を隅角部とする長方形に分割すると，$\Delta\sigma_z$ は次式で求められる．

$$\Delta\sigma_z = \Delta\sigma_{z\cdot\text{CIAB}} + \Delta\sigma_{z\cdot\text{CDEH}} - \Delta\sigma_{z\cdot\text{CIFH}}$$

ここで，$\Delta\sigma_{z\cdot\text{CIAB}}$ については

$m = 15/10 = 1.5$, $n = 20/10 = 2.0$ から $f_B(1.5, 2.0) = 0.223$

$$\therefore \Delta\sigma_{z\cdot\text{CIAB}} = 50 \times 0.223 = 11.15\,\text{kN/m}^2$$

$\Delta\sigma_{z\cdot\text{CDEH}}$ については $f_B(1.0, 1.0) = 0.175$

$$\therefore \Delta\sigma_{z\cdot\text{CDEH}} = 50 \times 0.175 = 8.75\,\text{kN/m}^2$$

$\Delta\sigma_{z\cdot\text{CIFH}}$ については $f_B(1.0, 1.5) = 0.194$

$$\therefore \Delta\sigma_{z\cdot\text{CIFH}} = 50 \times 0.194 = 9.70\,\text{kN/m}^2$$

$$\therefore \Delta\sigma_z = 11.15 + 8.75 - 9.70 = 10.20\,\text{kN/m}^2$$

2.4 台形帯状荷重による鉛直方向の増加応力

道路盛土のような台形帯状荷重による鉛直方向の増加応力 $\Delta\sigma_z$ は，オスターバーグ (Osterberg) の方法により求められる．図-4.12 の点 A より左側にある盛土荷重によって，点 A の直下の深さ z の点 O の増加応力 $\Delta\sigma_z$ は次式で求められる．

ここで，K は影響値，他の記号は図に示すとおりである．式(4.6)は，考える点より左側部分の

$$\alpha_1 = \tan^{-1}\frac{a+b}{z} - \tan^{-1}\frac{b}{z}\quad(\text{rad})$$

$$\alpha_2 = \tan^{-1}\frac{b}{z}\quad(\text{rad})$$

$$\Delta\sigma_z = Kq\,(\text{kN/m}^2)$$

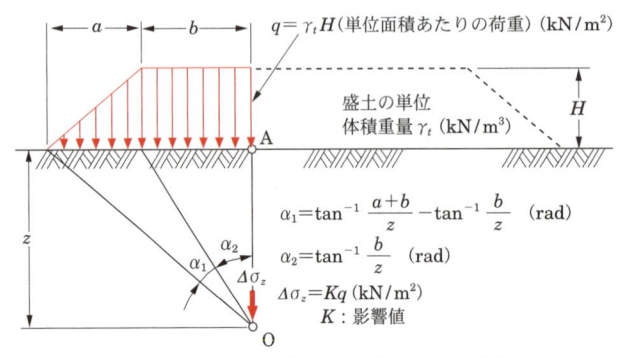

K：影響値

図-4.12 台形帯状荷重による増加応力の計算

関数電卓で RAD(ラジアン)モードに合わせ，例えば $\left(\dfrac{a+b}{z}\right)$ を計算した後，$\boxed{\tan^{-1}}$ キーを押せば $\tan^{-1}\dfrac{a+b}{z}$ (ラジアン)が得られる．

$$\varDelta\sigma_{z左}=\frac{1}{\pi}\left\{\left(\frac{a+b}{a}\right)(\alpha_1+\alpha_2)-\frac{b}{a}\alpha_2\right\}q=Kq \quad (\mathrm{kN/m^2}) \tag{4.6}$$

盛土による増加応力であり，右側盛土についても同様の方法で求め，それぞれ足し合わせればよい．つまり

$$\varDelta\sigma_z=\varDelta\sigma_{z左}+\varDelta\sigma_{z右} \quad (\mathrm{kN/m^2}) \tag{4.7}$$

で得られる．このように増加応力の計算では重ね合わせの原理が適用でき，増加応力を求めたい点が盛土の外にあれば，その位置まで盛土があるとして増加応力を計算し，仮想した盛土部分による増加応力を差し引けばよい．

式(4.6)の影響値 K は関数機能付きの電卓で容易に計算できるが，オスターバーグは K を簡単に求めるため図-4.13を表している．

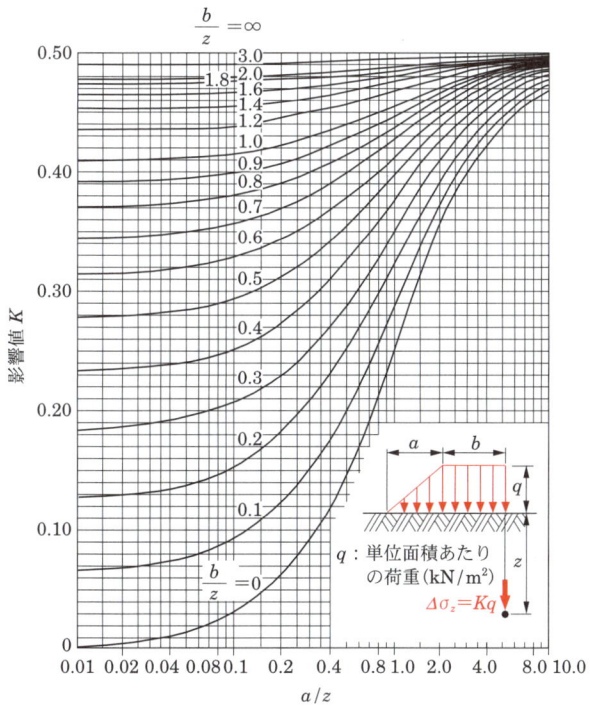

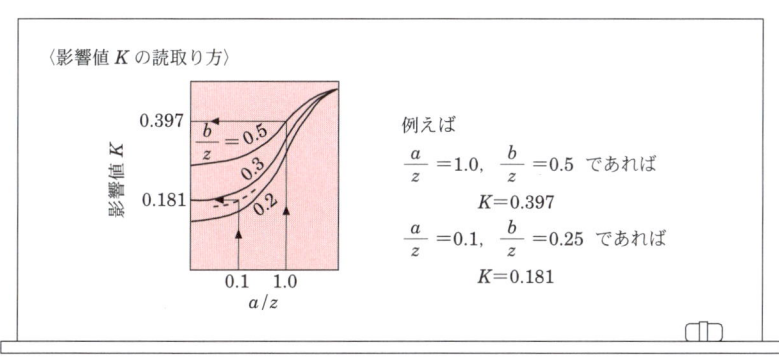

図-4.13 台形帯状荷重による鉛直方向の増加応力の影響値 K を求める図

K は図から容易に得られるが，関数機能のついた電卓でも簡単に計算できる．

例題 図-4.14 に示すような盛土の下方の点 O に生じる鉛直方向の増加応力 $\Delta\sigma_z$ を求めよ．

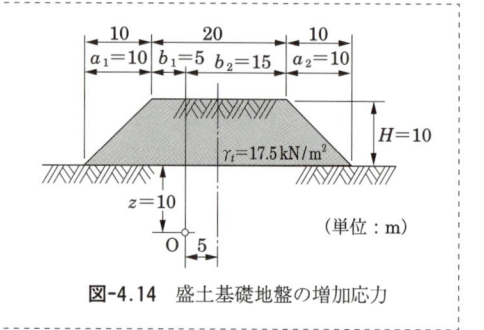

図-4.14 盛土基礎地盤の増加応力

（**解**） 点 A の左側部分については，$a_1 = 10$ m，$b_1 = 5$ m であるから

$$\alpha_1 = \tan^{-1}\left(\frac{a_1+b_1}{z}\right) - \tan^{-1}\left(\frac{b_1}{z}\right) = \tan^{-1}\left(\frac{10+5}{10}\right) - \tan^{-1}\left(\frac{5}{10}\right) = 0.519 \text{ rad}$$

$$\alpha_2 = \tan^{-1}\left(\frac{b_1}{z}\right) = \tan^{-1}\left(\frac{5}{10}\right) = 0.464 \text{ rad}$$

$$K_1 = \frac{1}{\pi}\left\{\left(\frac{a_1+b_1}{a_1}\right)(\alpha_1+\alpha_2) - \frac{b_1}{a_1}\alpha_2\right\}$$

$$= \frac{1}{\pi}\left\{\left(\frac{10+5}{10}\right)(0.519+0.464) - \frac{5}{10}\times 0.464\right\} = \frac{1}{\pi}\{1.4745 - 0.232\} = 0.396$$

と得られる．図-4.13 を利用すれば $a_1/z = 1.0$，$b_1/z = 0.5$ となり，$K_1 = 0.397$ と読み取ることができる．

点 A の右側部分についても，$a_2 = 10$ m，$b_2 = 15$ m であるから，$\alpha_1' = 0.207$ rad，$\alpha_2' = 0.982$ rad となり，式 (4.6) から $K_2 = 0.477$ と得られる．図-4.13 を利用すれば，$a_2/z = 1.0$，$b_2/z = 1.5$ となり，$K_2 = 0.478$ と読み取れる．

単位面積あたりの荷重は

$$q = \gamma_t H = 17.5 \times 10 = 175 \text{ kN/m}^2$$

となり，点 O に生じる $\Delta\sigma_z$ は，式 (4.7) から

$$\Delta\sigma_z = K_1 q + K_2 q = 0.396 \times 175 + 0.477 \times 175 = 152.8 \text{ kN/m}^2$$

2.5 等分布荷重による鉛直方向の増加応力の概算式

地表面に載荷したときの応力の分布はある範囲内に限られるという実験事実に基づいて，1963 年ケーグラー（Kögler）は増加応力の近似計算法を提案した．

ケーグラーは図-4.15 のように，幅 B の帯状載荷面に等分布荷重 q が加わる場合，鉛直方向の増加応力 $\Delta\sigma_z$ が載荷重の縁からある一定の角度（α）をもって直線的

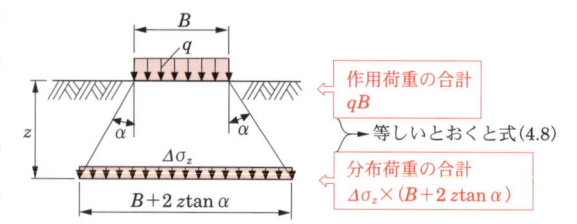

図-4.15 帯状載荷面の場合の鉛直方向の増加応力の近似計算法

作用荷重の合計 qB

等しいとおくと式(4.8)

分布荷重の合計 $\Delta\sigma_z \times (B + 2z\tan\alpha)$

に広がり，かつ任意の水平面上で等分布すると仮定した．この考え方はある程度の精度で実際地盤に適用できる．

図-4.15 の場合の帯状荷重では次式で求める．

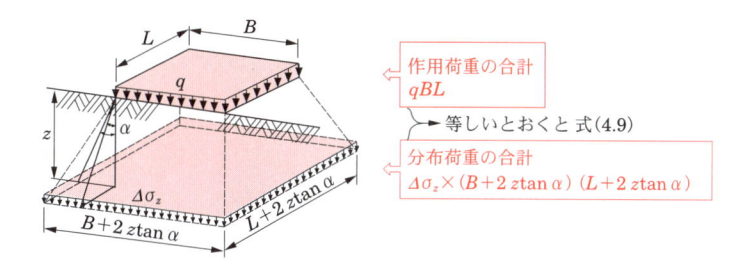

図-4.16 長方形載荷面の場合の鉛直方向の増加応力の近似計算法

$$\Delta\sigma_z = \frac{qB}{B+2z\tan\alpha} \quad (\text{kN/m}^2) \tag{4.8}$$

図-4.16 のように，辺長が B, L である長方形の載荷面に等分布荷重 q が加わるとき，$\Delta\sigma_z$ は次式で求める．

$$\Delta\sigma_z = \frac{qBL}{(B+2z\tan\alpha)(L+2z\tan\alpha)} \quad (\text{kN/m}^2) \tag{4.9}$$

アドバイス

ボストンコード法

ボストン市の建築基準法では式(4.8)，(4.9) の α を 30°としているため，30°を用いる方法をボストンコード法と呼ぶ．$\tan\alpha = 1/2$ とする場合，五分勾配法と呼ぶこともある．日本の設計基準では，増加応力の近似計算にボストンコード法を用いることが多い．

表-4.2 設計基準で採用されている増加応力の概算式(帯状荷重の場合で説明)

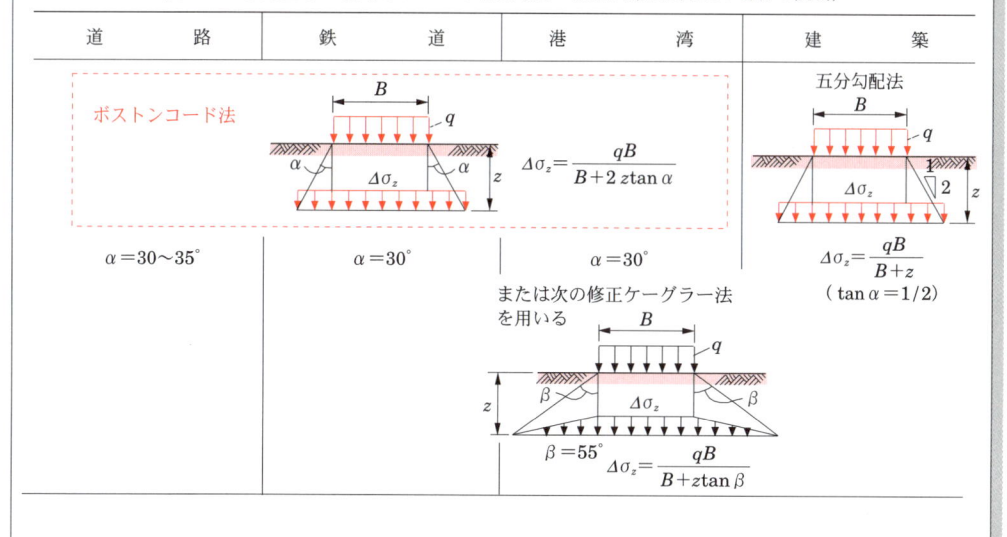

道　　路	鉄　　道	港　　湾	建　　築
ボストンコード法	$\Delta\sigma_z = \dfrac{qB}{B+2z\tan\alpha}$	$\Delta\sigma_z = \dfrac{qB}{B+2z\tan\alpha}$	五分勾配法　$\Delta\sigma_z = \dfrac{qB}{B+z}$
$\alpha = 30 \sim 35°$	$\alpha = 30°$	$\alpha = 30°$ または次の修正ケーグラー法を用いる　$\beta = 55°$　$\Delta\sigma_z = \dfrac{qB}{B+z\tan\beta}$	($\tan\alpha = 1/2$)

2.6 増加応力による過剰間隙水圧と有効応力

図-4.17に示す地盤に図-4.18のような新たな荷重 q を載荷することで，深さ z の位置で生じる増加応力 $\Delta\sigma_z$ は，土の種類によって，載荷後ただちに土粒子間に伝わる場合(砂質土)と，長い時間かかって伝わる場合(粘性土)とがある．増加応力 $\Delta\sigma_z$ が土粒子間に有効応力として伝達されれば，土は圧縮を生じることになる．この場合，圧縮の速さは，間隙水の移動の速さによって影響を受ける．いま，飽和した粘土の場合，載荷直後ではその透水性が非常に小さいので，ただちに水が移動できず，増加応力は間隙水に発生する水圧で受けもたれる．そのため，載荷直後の増加応力は土粒子間に伝わらず，土に圧縮は生じない．このとき発生した水圧は，静水圧より増えた水圧であることから**過剰間隙水圧**という．この水圧によって間隙水が徐々に排出されて土粒子間に応力が伝わり，圧縮が生じてゆく．最終的には過剰間隙水圧がなくなり，土粒子間に増加応力が有効応力として完全に伝わる．

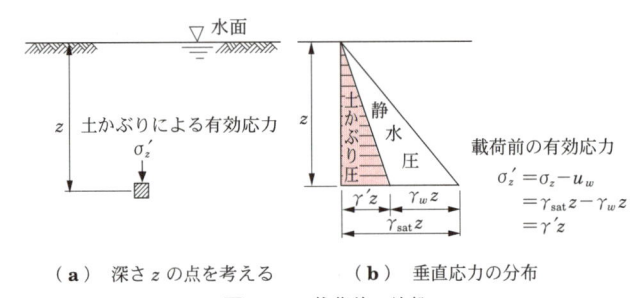

（**a**） 深さ z の点を考える　　　（**b**） 垂直応力の分布

図-4.17 載荷前の地盤

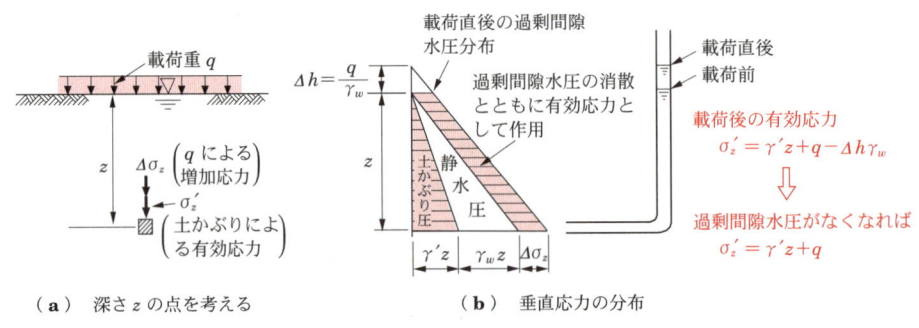

（**a**） 深さ z の点を考える　　　（**b**） 垂直応力の分布

図-4.18 載荷重による有効応力伝達の説明

3. 浸透流による地中の応力の変化と破壊現象

地盤で掘削工事を行う場合，掘削箇所で排水処理をするために掘削面との間で水位差が生じ，水位の高いところから低いところに地下水が浸透する．浸透流により流れの向きに土粒子が力を受け，それまで作用していた有効応力が浸透流によって変化し，破壊を起こすことがある．ここでは，浸透流による地中応力の変化とその計算方法，それに伴う破壊現象を解説する．

3.1 浸透力と有効応力

図-4.19 に示すように，地下水のある地盤を掘削した場合を考えよう．掘削面では排水しながら作業するため，土粒子は水の流れの方向に水から圧力を受ける．水の流れによる土粒子自身が受ける圧力を**浸透力**という．その分，土粒子に働く有効応力は変動する．図-4.19 の B の部分を取り出して考えた図-4.20 では，土粒子は等しく下向きに γ' と上向きに浸透力 j を受ける．γ' と j は，試料のどの部分をとっても等しく同じように作用している．したがって，深さ z の面での有効応力 σ_z' は，有効な重量 $(\gamma' - j)$ に深さ z を掛けて次式で考えられる．

$$\sigma_z' = (\gamma' - j)z \quad (\text{kN/m}^2) \tag{4.10}$$

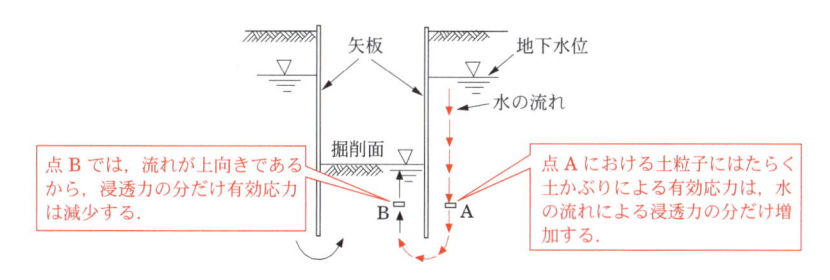

図-4.19 地下水のある地盤の掘削における浸透流の作用

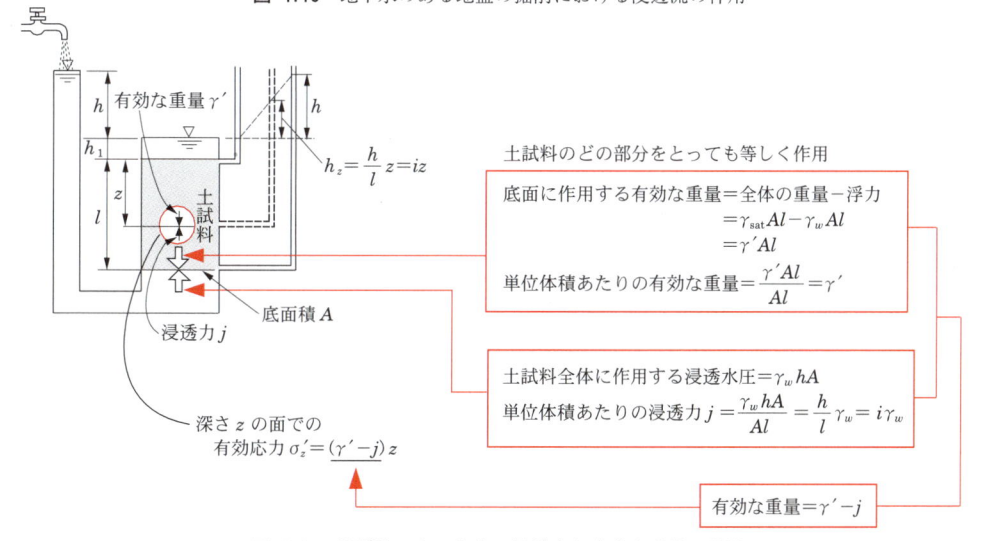

図-4.20 浸透流のあるときの浸透力と有効な重量の説明

3.2 クイックサンド現象とその判定

図-4.20 で水頭差 h を少しずつ増やしてゆくと，j が増加して土試料の有効な重量 $(\gamma'-j)$ がやがて 0 から負に変化する．このとき，浸透流により土粒子が持ち上がる現象が起きる．これを**クイックサンド現象**という．式 (4.10) で $\sigma_z'=0$，つまり $\gamma'-j=0$ になるときがクイックサンド現象を生じる限界であり，このときの動水勾配 i を限界動水勾配 i_c といい，次式で求める．
$j=i\gamma_w$ であり，$\gamma'-i\gamma_w=0$ のときの i を i_c とおくと

$$i_c = \frac{\gamma'}{\gamma_w} = \frac{\dfrac{\rho_s-\rho_w}{1+e}g}{\rho_w g} = \frac{\rho_s/\rho_w - 1}{1+e} \tag{4.11}$$

このクイックサンド現象はあたかも砂が沸騰したようになることから，一般に**ボイリング**と呼ばれている．

アドバイス

堤防に水みちができると，浸透力が増え破壊に至る

堤防に図-4.21 に示すような水みちができ，チョロチョロと水がわき出ることがある．いったんその現象が見られると，その部分から土が流されて孔が奥に進行していく．当初，浸透力 $i\gamma_w=(h/l)\gamma_w$ であったのが，浸透水の経路 l は孔が進行した分 Δl だけ短くなり，動水勾配 i は $h/(l-\Delta l)$ と大きくなり，浸透力が増える．浸透力が増えることで孔が奥へ侵食され，ますます動水勾配 i が大きくなり侵食が進む．そして，ついにパイプ状の水みちができてしまう．この現象は**パイピング**と呼ばれる．パイピングが生じると大量の水がわき出し，堤防は決壊に至る．堤防の決壊を防ぐには，最初に現れる小さな水みちの段階で対策をとらなければならない．

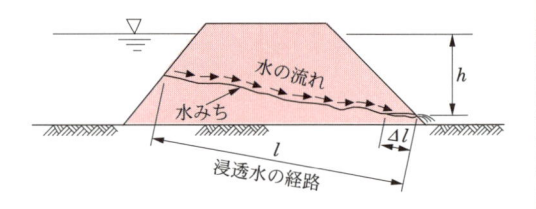

図-4.21 堤防の決壊の原因となる水みち

例題 図-4.22 について次の問いに答えよ．
① $h=10\,\text{cm}$ に保ったとき，砂質の土試料中央面 ($z=10\,\text{cm}$) における有効応力 $\sigma'(\text{kN/m}^2)$ を求めよ．
② この土試料の限界動水勾配 i_c を求めよ．
③ いま，$h=40\,\text{cm}$ に保ったとき，クイックサンド現象が起こらないようにするためには，土試料の表面にいくらかの押さえ荷重 $q\,(\text{kN/m}^2)$ が必要となるか．

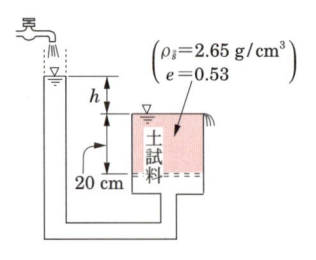

図-4.22 クイックサンド現象の検討の例
($\rho_s=2.65\,\text{g/cm}^3$, $e=0.53$)

(解) ① 土試料の有効な重量の水中単位体積重量は，式(2.17)を用いて

$$\gamma' = \frac{\rho_s - \rho_w}{1+e} g = \frac{2.65-1}{1+0.53} \times 9.8 = 10.57 \quad (\text{kN/m}^3)$$

この場合の動水勾配 i は，$h = 10$ cm，$l = 20$ cm であるから $i = h/l = 10/20 = 0.5$ となるので，浸透力 j は

$$j = i\gamma_w = 0.5 \times 9.8 = 4.9 \text{ kN/m}^3$$

したがって，$z = 10$ cm の面の有効応力 σ' は，式(4.10)から

$$\sigma_z' = (\gamma' - j)z = (10.57 - 4.9) \times 0.1 = 0.567 \quad (\text{kN/m}^2)$$

② 限界動水勾配 i_c は式(4.11)から

$$i_c = \frac{\rho_s/\rho_w - 1}{1+e} = \frac{2.65/1 - 1}{1+0.53} = 1.08$$

③ いま，q を載荷させたときの土試料底面での有効応力 σ'（クイックサンド現象が生じるかどうか判定するときの釣合いは，底面において計算する）は，q の分だけ増えるので

$$\sigma' = (\gamma' - j)z + \Delta\sigma_z = \frac{\rho_s - \rho_w}{1+e} gz - i\gamma_w z + q$$

となり，クイックサンド現象が生じないためには，$\sigma' \geqq 0$ の条件から必要な q が求められる．このときの動水勾配は $i = h/l = 40/20 = 2.0$ から

$$\sigma' = \frac{2.65-1}{1+0.53} \times 9.8 \times 0.2 - 2.0 \times 9.8 \times 0.2 + q \geqq 0$$

$$\therefore q \geqq 3.92 - 2.11 = 1.81 \text{ kN/m}^2$$

この場合，次のように考えてもよい．

土試料表面に作用する q による有効重量は，土試料表面に作用する総荷重を土試料体積で割り，単位体積あたりで $qA/Al = q/l$ だけ増える．したがって，クイックサンドが生じないためには

$$\gamma' + \frac{q}{l} - j \geqq 0$$

が必要であり，このときの q を求めればよい．$h = 0.4$ m から

$$j = \left(\frac{h}{l}\right)\gamma_w = \left(\frac{0.4}{0.2}\right) \times 9.8 = 19.6 \text{ kN/m}^3$$

となり

$$10.57 + \frac{q}{0.2} - 19.6 \geqq 0 \quad \text{から} \quad q = 1.81 \text{ kN/m}^2$$

と得られる．

クイックサンド現象は理論的には砂粒子の大きさに無関係だが，実際には細砂で起こりやすい．通常，細砂はそろった粒径をもち，締まり方がゆるく間隙比が大きいため，限界動水勾配が小さくなるからである．

3.3 地盤における破壊現象——ボイリング

図-4.23のように矢板などで土留めをして掘削する場合，掘削面との間に水位差が大きくなればボイリングの生じる危険性は高くなる．工事におけるボイリングは予期せぬ事故につながるので，安全性の検討は掘削工事においてきわめて重要である．

掘削におけるボイリングの検討には，限界動水勾配で考える方法と矢板先端面での釣合いを考える方法がある．前者を「限界動水勾配法」，後者を「テルツァギの方法」という．

（1） 限界動水勾配法

掘削地盤の限界動水勾配 i_c を計算し，掘削に伴って生じると考えられる動水勾配 i との比で安全率 F_s を求め判定する方法である．これは，図-4.23の掘削面下の有効重量 γ' に対する浸透力 j の比で，安全性を判定することにほかならない．

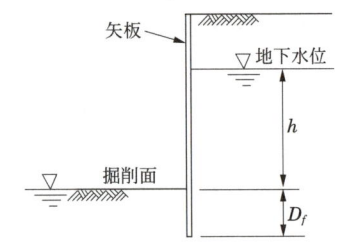

図-4.23 掘削に伴う破壊現象——ボイリング

$$F_s = \frac{\gamma'}{j} = \frac{i_c \gamma_w}{i \gamma_w} = \frac{i_c}{i} \tag{4.12}$$

いま，図-4.24の場合を考えると，地下水位下における地盤の i_c は式(4.11)で求められ，図の場合の i は，l を $h+2D_f$ にとるので

$$i = \frac{h}{D_1 + 2D_f} \tag{4.13}$$

安全率 F_s は次のように表される．

$$F_s = \frac{\gamma'/\gamma_w}{h/(D_1+2D_f)} = \frac{\gamma'(D_1+2D_f)}{\gamma_w h} \tag{4.14}$$

> ボイリングを防ぐための根入れ深さは，テルツァギの方法の方が数メートル大きくなる．つまり，同じ条件なら，テルツァギの方法だと F_s は小さい．

> 土粒子骨格にはたらく γ' と j の釣合いで判定する．

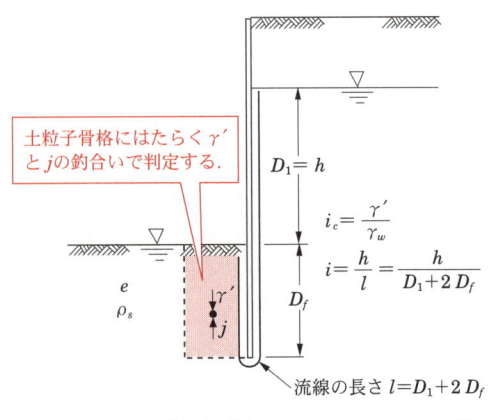

図-4.24 限界動水勾配法によるボイリングの検討

（2） テルツァギの方法

図-4.25 において，ボイリングを起こそうとする力が矢板先端面での浸透水圧 U_w であり，これに抵抗する力が幅 $D_f/2$ で考えた角柱土塊の重量なので，2つの力の釣合いから安全率 F_s を求めて判定する．

図中の式：

$$W = \frac{D_f}{2} \times D_f \times \gamma' = \frac{\gamma' D_f^2}{2}$$

$$U_w = \gamma_w h_a \times \frac{D_f}{2} = \gamma_w \frac{h}{2} \times \frac{D_f}{2}$$

（安全側に考えて $h_a = h/2$ としている）

吹き出し（左）： 崩壊の瞬間では有効応力が0になるので，この面のせん断抵抗は考えていない

吹き出し（右）： 実験的にボイリングは矢板前面の幅 $D_f/2$ の範囲で起こっていることが確かめられている．そのため，角柱土塊として $D_f/2$ の幅をとればよい．

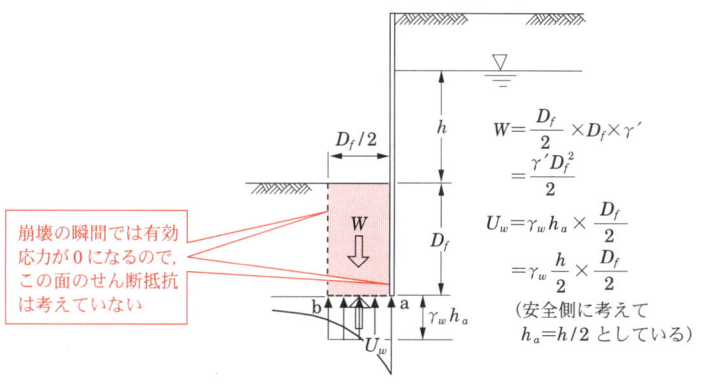

図-4.25 テルツァギの方法によるボイリングの検討

$D_f/2$ の幅における平均の浸透水圧は U_w は，従来から安全側の値として $\gamma_w(h/2)$ を採用しており，安全率は次のようになる．

$$F_s = \frac{W}{U_w} = \frac{\gamma'(D_f^2/2)}{\gamma_w(h/2)(D_f/2)} = \frac{2\gamma' D_f}{\gamma_w h} \quad (4.15)$$

> **アドバイス**
>
> **設計基準にみる破壊現象への対応**
>
> 土留め掘削工事におけるボイリングや盤ぶくれの検討方法と採用されている安全率について，各設計基準では表-4.3のように定めている．
>
> ボイリングについては，テルツァギの方法を用いるように定めている基準が多く，必要安全率を1.5としている．限界動水勾配法を用いる場合は安全率2.0とする．
>
> 盤ぶくれについては，各基準とも必要安全率を1.0～1.2としている．
>
> **表-4.3** 各基準で採用される破壊現象の検討方法と安全率
>
> | 制定する団体名 | ボイリング 検討方法 | ボイリング 必要安全率 | 盤ぶくれ 必要安全率 |
> |---|---|---|---|
> | 日本建築学会 | テルツァギの方法
限界動水勾配法 | －
 | 1.0 |
> | 土木学会 | テルツァギの方法
限界動水勾配法 | 1.2～1.5
－ | 1.1 |
> | 道路土工 | テルツァギの方法 | 1.5 | 1.2 |
> | 鉄道 | テルツァギの方法 | 1.2 | 1.2 |
> | 日本道路公団 | テルツァギの方法 | 1.5 | 1.0 |
> | 地下鉄技術協議会 | 限界動水勾配法 | 2.0 | － |

3.4　掘削における盤ぶくれの問題

　不透水の粘土層の下に被圧している地下水をもつ砂質土層があり，粘土層を図-4.26のように掘削すれば，被圧地下水による揚圧力（間隙水圧）で掘削面が持ち上げられ破壊に至ることがある．この現象を**盤ぶくれ**という．

　被圧地下水を有する地盤での掘削工事では，盤ぶくれによる破壊を起こさないことが重要である．盤ぶくれに対する安全性は，図に示す被圧帯水層からの間隙水圧と掘削底面下の土層による土かぶり圧との比較で判定する．

盤ぶくれに対する安全率　　$F_s = \dfrac{\gamma_t D}{\gamma_w h}$ 　　　　　　　　　　　　　　(4.16)

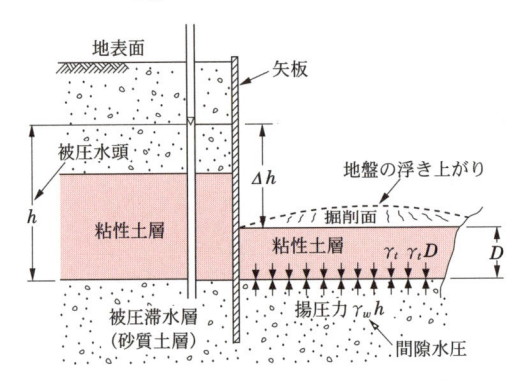

図-4.26　被圧地下水をもつ地盤の掘削工事における盤ぶくれの問題

　必要な安全率は表-4.3のようである．この安全率が確保できないときは，3.3で説明した排水工法を用い，地下水位を下げる．

アドバイス

粘土地盤の掘削で生じる問題――ヒービング

　軟弱な粘性土地盤を掘削すると，背面の土を支えきれなくなった下部の粘土が図-4.27のようにすべり破壊し始め，掘削底面が膨れ上がる現象がみられることがある．この現象を，持ち上げる（heave，ヒーブする）意味から**ヒービング**という．掘削時にこのようなことが生じると重大な事故につながるため，土の強度をつかんで安全性を検討し工事を進めることが大切である．

　被圧地下水によって粘土が膨れ上がる盤膨れも英語でheaving（ヒービング）と表すが，日本では粘性土の掘削底面の破壊と区別するため，日本語と英語の使い分けで定義している．

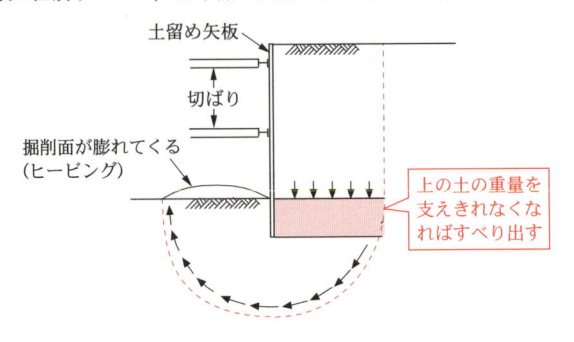

図-4.27　粘土地盤の掘削で生じる破壊現象――ヒービング

第5章　土の圧密

　日本の平野部は沖積層でおおわれ，軟弱な土層が多いため，地盤沈下がしばしば起きる．工業用水用の地下水汲上げによる広範囲な地盤沈下は，大きな社会問題の一つでもある．

　軟弱地盤での建設工事に伴う地下水汲上げによる周辺地盤の沈下，盛土による沈下，構造物建設後に生じる変形など沈下の問題には，工事の計画・設計段階での推定と対策が重大な課題となっている．沈下の正体はたいていが土の圧密なので，本章では，土の圧密とはどのような現象か，メカニズムはどうなっているかを探り，その性質を知るための圧密試験方法と圧密予測のための諸定数の意味，求め方，圧密の計算方法を解説する．

　土の圧密が進むと土は密になり強度が増すことから，「第6章　土の強さ」と深く関係する内容である．

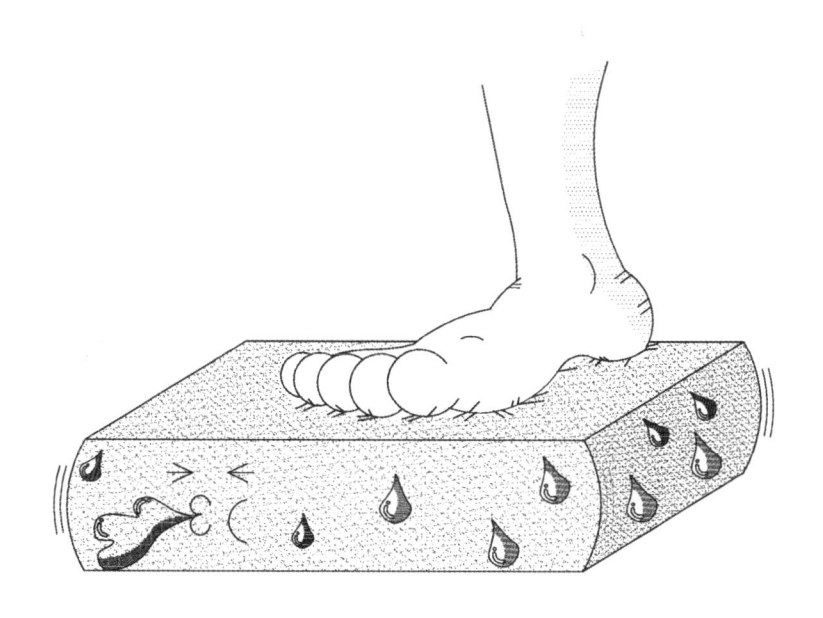

1. 土の圧密とは

物体に破壊しない程度の圧縮力を加えると，力の作用方向に変位する．その変位を圧縮変形または単に圧縮という．圧縮は鋼やコンクリートではきわめて小さく瞬時に進み，力を取り去れば元に戻る弾性を示す．これに対し，土は間隙をもつため，小さな圧縮力でも大きな変位が時間とともに生じ，力を取り去っても変位は残る（これを弾性変形に対して塑性変形と呼ぶ）．この圧縮変位に圧密がある．

土の圧密は粘土でも砂でも生じるが，問題となるのは粘土である．なぜ問題となるか，それがどのような場合に問題となるのかを説明する．また，設計や施工においては土の圧密の予測が必要である．乱さないで採取した試料を用いて室内で圧密試験を行い，定められた方法でデータ処理し，得られた圧密定数を用いて設計や施工における圧密の予測を行う．ここでは圧密試験の方法についても解説する．

1.1 土の圧縮と圧密

土に力を加えた場合の圧縮変位は，間隙体積の減少で生じる場合と，間隙体積は同じで形状の変形で生じる場合がある．間隙体積の減少で生じる圧縮には，圧密と締固めがある．これらの現象を図-5.1に示す．締固めは間隙内の空気を追い出して密にする行為で，第7章で詳しく説明する．

本章の主題である「**圧密**」は，飽和した土が間隙内の水を追い出し，間隙体積を減少させながら時間経過とともに進行していく圧縮をいう．この場合，土の透水性に対応して圧縮の進行は時間遅れも伴う．

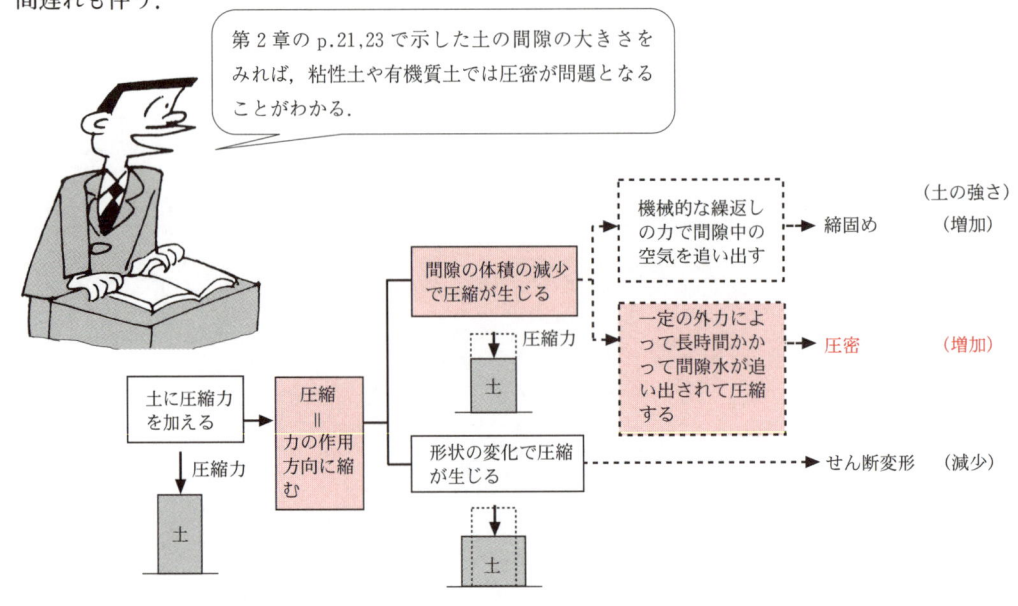

第2章のp.21,23で示した土の間隙の大きさをみれば，粘性土や有機質土では圧密が問題となることがわかる．

図-5.1 土の圧縮の内容

1.2 粘性土で問題となる土の圧密

土の圧密は，土の間隙が減少して生じることから，間隙体積の大きな粘性土で問題となる．また，粘性土は透水性が小さく間隙内の水の排出に時間がかかるため，圧密は長時間かかって進行することになる．

理解しやすくするために，圧密が問題となる例をあげてみよう．

① **粘性土で問題となる．**

図-2.8の，ゆるい砂の間隙比 $e=1.0$，硬い粘土の間隙比 $e=1.5$ から，粘土がいかに大きな間隙比をもつかがわかる．

また，砂は透水性が $10^{-2}\sim10^{-3}$ cm/s より速いのに対し，粘土では 10^{-7} cm/s ときわめて遅い．飽和した砂でも圧密は生じるが，ごく短い時間で終わり，沈下量も小さい．そのため，圧密は粘性土の問題とされる．

この2つの問題を整理すると図-5.2のようになり，圧密の問題が「圧密沈下量」と「圧密時間」であることがわかる．

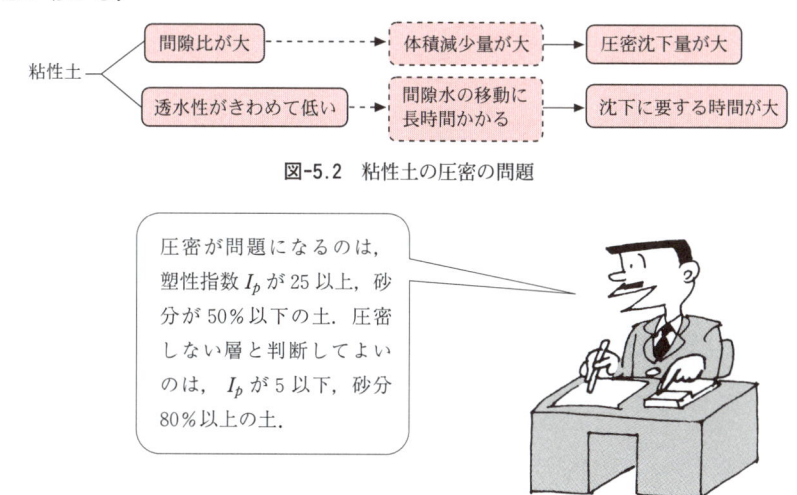

図-5.2 粘性土の圧密の問題

圧密が問題になるのは，塑性指数 I_p が25以上，砂分が50％以下の土．圧密しない層と判断してよいのは，I_p が5以下，砂分80％以上の土．

② **硬い洪積粘土でも沈下が問題となる．**

硬い洪積粘土でも間隙比 e は1.5と大きく，圧密が生じる要因をもっている．かつては粘土が過圧密（p.90で説明する）なら圧密沈下しないと考えられていたが，実際には長い時間の経過で大きな沈下が生じる．神戸ポートアイランドや関西国際空港島など人工島の沈下で，洪積粘土の沈下が注目されている．

③ **小さな荷重でも繰返し載荷されると，圧密沈下が大きくなる．**

土の圧密は，現在までに受けていた荷重のうえに構造物の建設で，新たに増加応力が作用することで生じる．つまり，増加応力が大きいと圧密沈下も大きくなる．しかし，小さな増加応力でもそれが繰返し作用すると，沈下は大きくなる．

・軟弱地盤上の低盛土道路の沈下——盛土の荷重が小さく予想沈下量が小さいのに，走行荷重の繰返し作用で予想沈下量よりもはるかに大きな沈下が進む．
・地震発生後の地盤沈下——地震によって地盤が揺すられせん断を受けることで過剰間隙水圧

が発生し，この水圧の消散に伴って沈下が進む．

④ **地下水位が下がると沈下が生じる．**

地下水位が下がると，下がった部分の土層が受けていた浮力がなくなることで，浮力の分だけその下の土層の有効応力が増え，それより下の粘土層で圧密沈下が生じる．

日本の平野部の沖積粘土層における地盤沈下は多くの都市で問題となってきた．この地盤の沈下は，長期の地下水の汲上げで生じた圧密によるものである．

建設工事の掘削を安全に行うため排水井戸を設置して地下水位を下げる対策がとられる．地下水位の低下の影響下にある粘土層で圧密沈下が生じ，周辺の建物に影響を及ぼすことがある．

1.3 土の圧密の性質を調べる——圧密試験

(1) テルツァギが考えた圧密進行と試験

テルツァギ（Terzaghi）は圧密進行を説明するために，容器内が水で満たされ小孔のあるピストンの模型（図-5.3）を用いた．ピストン模型のばねは土の骨格，容器内の水は土中の間隙水，ピストンに開けられている小孔の大きさと数は土の透水性に対応している．

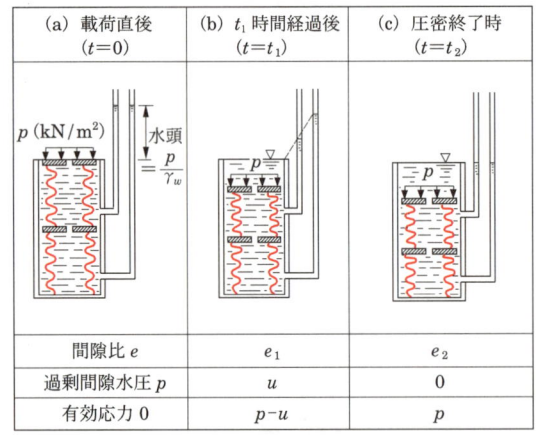

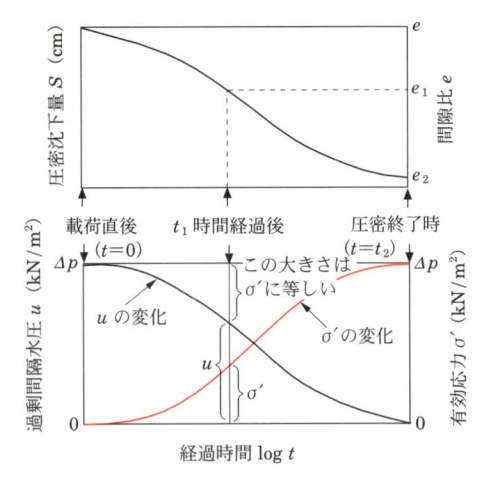

	(a) 載荷直後 ($t=0$)	(b) t_1 時間経過後 ($t=t_1$)	(c) 圧密終了時 ($t=t_2$)
間隙比 e		e_1	e_2
過剰間隙水圧 p	p	u	0
有効応力 0		$p-u$	p

ばね ⇒ 土粒子が形成する土の骨格
水 ⇒ 土中の間隙水
ピストンの小孔の大きさおよび数 ⇒ 粘土の透水性

（a）圧密進行の説明　　（b）有効応力の増加と圧密進行

図-5.3 ピストン模型による圧密進行の説明

図(b)は，横軸に対数目盛で載荷後の経過時間をとったときの過剰間隙水圧 u，有効応力 σ' の変化を示す．有効応力 σ' の増加（u の減少）に伴い圧密が進んでいることがわかる．

この模型で圧密の進行を説明したテルツァギは，土の圧密進行の特性を示す圧密定数を求める室内試験を考案した．

例えば，層厚が 10m もある粘土層の圧密定数を求めようとするとき，圧密は p.84 で説明する時間係数 T_v （$=c_v t/(H')^2$．ここに，c_v：圧密係数，t：圧密時間，H'：排水距離）の関数として進行することになり，排水長 1cm の小さな供試体を用いれば排水長 10m の粘土層の $1/(100万)$

の時間で圧密を終了させることができる．

テルツァギは現場から採取した粘土について，小さな供試体を作成すれば一種の模型実験になると考えた．小さな圧力からスタートし，圧力増分比1で24時間ずつ載荷していく試験方法を定めた．これが現在規格試験として実施されている圧密試験である．このことから，乱さないで採取された試料を用いて模型試験としての圧密試験を行い圧密定数を求めれば，原位置の粘土層で生じる圧密沈下の進行が推定できることになる．

ここで24時間経過ごとに載荷を繰り返す方法をとったのは，毎日同じ時間に載荷を実施するためである．また，圧力増分比を1にしたのは，圧力の増分比が1であれば $\log (p_i + \Delta p_i) - \log p_i = \log 2$ となり，対数目盛上ではデータを等間隔にプロットでき都合がよいためである．

（2） 圧密試験の方法

原位置の粘土層で生じる圧密沈下の進行は，乱さないで採取された試料を用いて室内で圧密試験を行い，粘土の圧密特性を表現する圧密定数を求め，その定数を用いて推定する．

圧密試験は，標準的な方法が地盤工学会およびJISで基準化されている．採取された乱さない試料を直径6 cm，高さ2 cmの円板状の供試体に成形し，圧密試験容器にセットする．最初に $9.8\ kN/m^2$ の圧力から載荷を始め，定められた経過時間ごとの圧密量を測定していく．通常，24時間経過後の圧密量をその圧力に対する圧密量とし，前に加えた圧力の2倍（圧力増分比 $\Delta p/p = 1$ ）になるよう段階的に圧力を増加させ，同様の測定を行う．

図-5.4に圧密試験とデータ整理の手順を示す．

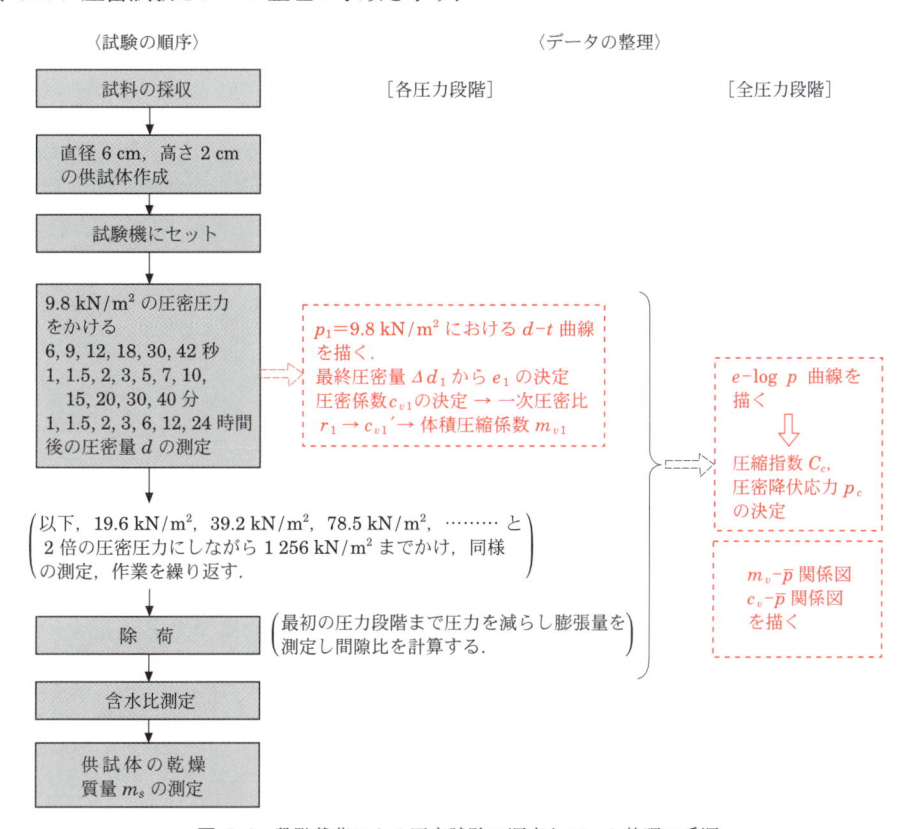

図-5.4 段階載荷による圧密試験の順序とデータ整理の手順

[圧密試験] (JIS A 1217)

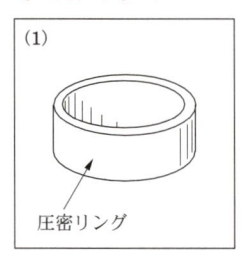

(1) 圧密リングの質量 m_R, 高さ h_0, および内径 D を測る. 断面積 A は $\pi D^2/4$ となり, 内容積 V は Ah_0 となる.

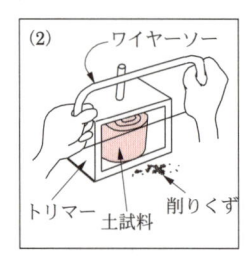

(2) 土試料をトリマーとワイヤーソーを用い, 圧密リングの内径より 3～5 mm 大きな直径の円盤に成形する. 削りくずで含水比 w と土粒子密度 ρ_s を測定する.

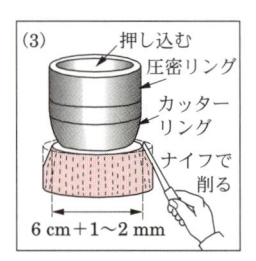

(3) 土試料を乱さないようにナイフでリング内径より 1～2 mm ほど大きく削り, 2～3 mm ずつ押し込み, これらの作業を繰り返してカッターリングにおさめる.

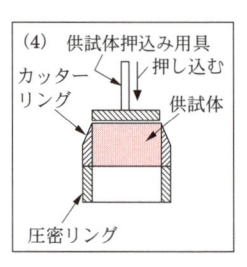

(4) カッターリング内におさめた土試料を, 圧密リングの中に無理のないように押込み用具で入れる.

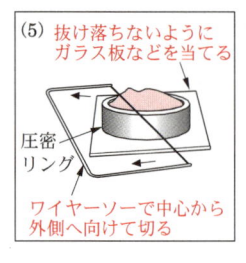

(5) 圧密リング両面から出ている部分をワイヤーソーで切り落とし, 平面に仕上げ, その質量 m_1 を測る.

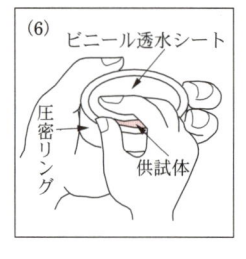

(6) 圧密リングの供試体に, リングの内径より 1mm 程度小さなビニール透水シートを上下に張り付ける.

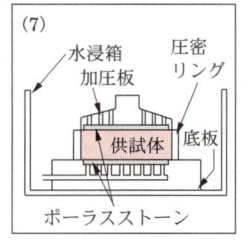

(7) (6)で用意した供試体を底板のポーラスストーン上にのせ, 加圧板を供試体上面にのせる. 供試体が水浸するまで湿った布をかぶせ水分の蒸発を防ぐ.

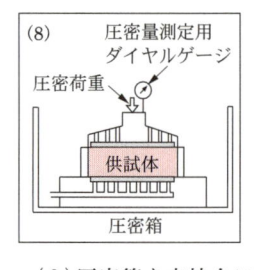

(8) 圧密箱を支持台にのせ, 圧密荷重が加圧板の中心軸を通る位置に作用するように調整し, 圧密量測定用ダイヤルゲージを取り付ける.

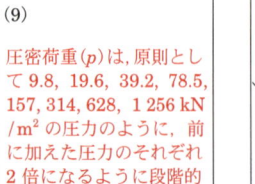

(9) 圧密荷重(p)は, 原則として 9.8, 19.6, 39.2, 78.5, 157, 314, 628, 1 256 kN/m² の圧力のように, 前に加えた圧力のそれぞれ 2 倍になるように段階的に加える.

上記の圧力は, 従来の試験による圧力を SI 単位に換算したものである. 端数のない圧力をかけてもよい. これらの圧力以外の圧力を用いる場合にも, ある段階の圧密圧力が前の段階の圧力の 2 倍になるようにする.

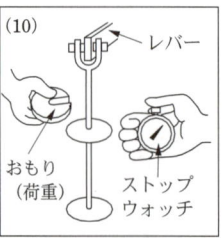

(10) 第 1 段階の荷重を衝撃を与えないように静かに加える. 膨張のおそれのない軟弱な沖積粘土では, 第 1 段階の圧力載荷後, 供試体を水浸させる.

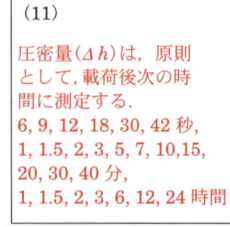

(11) 圧密量(Δh)は, 原則として, 載荷後次の時間に測定する.
6, 9, 12, 18, 30, 42 秒,
1, 1.5, 2, 3, 5, 7, 10, 15, 20, 30, 40 分,
1, 1.5, 2, 3, 6, 12, 24 時間

上記の時間間隔は, データ整理を $\sqrt{t}$ 法 (p.86) による場合都合がよい. 曲線定規法 (p.87) の場合には時間間隔を変更してもよい.

(12) 一つの圧力段階で 24 時間圧密した後, 次の圧力段階に移る. 水浸は, 膨張のおそれのある洪積粘土については圧密降伏応力を超えたとみなせる時点で, 水浸容器に水を満たして供試体を水浸させる.

1. 土の圧密とは

(13) (12)から
最終段階の圧力による圧密が終わったか
NO → (9)へ戻る
YES → 除荷

(14) 恒温乾燥炉／供試体／蒸発皿

(15) 供試体／蒸発皿

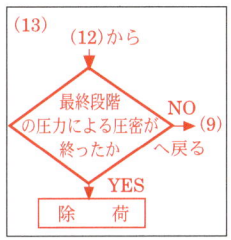

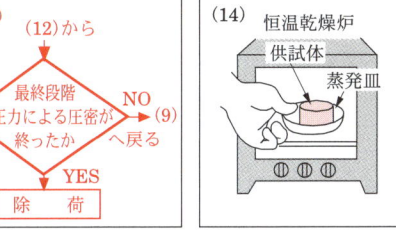

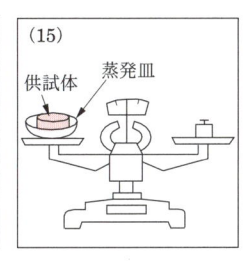

(16)
・湿潤密度
$$\rho_t = \frac{m_1 - m_R}{V} \text{ (g/cm}^3)$$
・初期含水比
$$w_0 = \frac{(m_1 - m_R) - (m_2 - m_c)}{m_2 - m_c} \times 100 \text{ (\%)}$$

(13) 除荷は，最初の圧密圧力段階まで一気に行う (2, 4, 8, 15分，24時間のときの膨張量を測るときもある).

(14) 圧密箱を分解して，圧密リングごと供試体を取り出し，土試料を失わないように透水シートをはがし，供試体のみを質量 m_c の蒸発皿に移し，110℃の一定温度で炉乾燥する．

(15) 供試体の質量が変わらなくなってから取り出し，デシケータで冷やした後，全体の質量 m_2 を測る．

(16) 供試体の湿潤密度と初期含水比を計算しておく ((2)で削りくずから初期含水比 w_0 を測定する場合は，上記の計算を省いてよい).

アドバイス

圧密の時間短縮をはかる――定ひずみ速度載荷による圧密試験 (JIS A 1227)

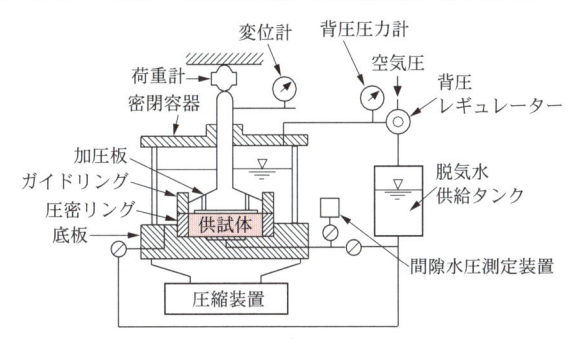

図-5.5 定ひずみ速度圧密試験機の構成例

圧密試験は1シリーズの試験を終えるのに10日ほどかかり，土質試験のなかで最も長時間を要する．圧密定数を早く手に入れたいときは，1〜4日程度で圧密試験データが得られる「定ひずみ速度載荷による圧密試験」を用いる．この試験装置の構成例を図-5.5に示す．測定方法は

① (1)〜(7)までは同じ．
② 供試体を試験機にセットした後にバックプレッシャー（背圧）(p.113で説明）を作用させる（供試体を飽和させるため）．
③ 一定の軸ひずみ速度で供試体を連続的に軸圧縮する．
④ 時間 t における軸圧縮力 P_1 (N)，圧密量 d_1 (cm)，供試体底面の間隙水圧 u_1 (kN/m^2) を測定する（この連続データから e-$\log p$ 曲線が得られる）．
⑤ 軸圧縮力が所定の圧密圧力に達したら試験を終了する．

この試験は，超軟弱粘土から硬質粘土まで適用範囲が広い．

2. 圧密の特性を表す係数

　圧密試験から求める圧密の特性を表す係数を総称して**圧密定数**という．圧密定数は，圧密沈下量を推定するために必要な係数と，圧密時間を推定するために必要な係数に分けられる．圧密沈下量に関係する係数が試験結果から直接求められるのに対し，圧密時間に関係する係数はテルツァギの圧密理論に基づいて推定することになる．ここでは，圧密の計算に必要なそれぞれの係数の求め方，背景の理論などを説明する．

2.1　沈下量に関係する係数

　沈下量の計算に用いる係数は，各圧力段階で求められる間隙比 e，体積圧縮係数 m_v，試験結果全体（全圧力段階）で求められる圧縮指数 C_c がある．
　各圧力段階の圧密の進行のようすと全圧力段階との対応を示すと，図-5.6のようになる．

（a） 各圧力段階の圧密の進行（圧密曲線）

（b） e-$\log p$ 曲線

$$e_i = \frac{h_i}{h_s} - 1$$

$$m_{vi} = \frac{(s_i - s_{i-1})/h_{i-1}}{(p_i - p_{i-1})}$$

$$h_i = h_{i-1} - (s_i - s_{i-1})$$

$$\rho_s \, h_s = \frac{m_s}{\rho_s A}$$

$$e_0 = \frac{h_0}{h_s} - 1$$

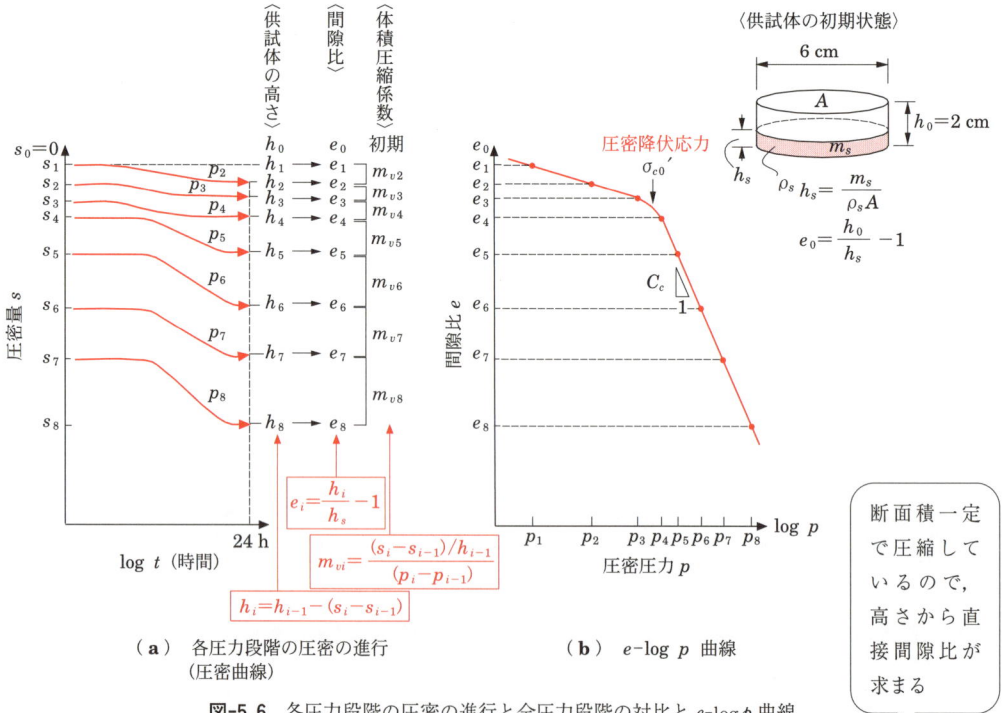

図-5.6　各圧力段階の圧密の進行と全圧力段階の対比と e-$\log p$ 曲線

（断面積一定で圧縮しているので，高さから直接間隙比が求まる）

● 間隙比 e の計算

初期　　$e_0 = \dfrac{V_{v0}}{V_s} = \dfrac{h_0 A - h_s A}{h_s A} = \dfrac{h_0}{h_s} - 1$　　　　　(5.1)

i 段階目　　$e_i = \dfrac{h_i}{h_s} - 1$　　　　　(5.2)

2. 圧密の特性を表す係数

●体積圧縮係数 m_v

増加圧力 $\Delta p(p_{i+1}-p_i)$ に対して体積のひずむ割合，すなわち体積ひずみ $\Delta V/V_i$ と Δp の比で**体積圧縮係数** m_v が求められる．断面積が一定なので，体積ひずみは軸ひずみ ε で表される．

$$m_v = \frac{\varepsilon_{vi}}{\Delta p_i} = \frac{\Delta V_i/V_i}{\Delta p_i} = \frac{(h_i-h_{i+1})/h_i}{p_{i+1}-p_i} = \frac{\varepsilon_i}{\Delta p_i} \quad (\text{m}^2/\text{kN}) \tag{5.3}$$

> **アドバイス**
>
> **m_v は荷重によって変化する**
>
> m_v は，圧密試験において各荷重段階で求められる．試験結果は平均圧密圧力に対するもので，図-5.7のような傾向を示す． 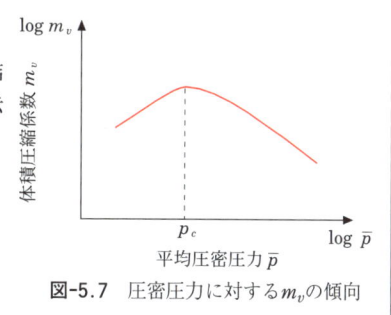
>
> **図-5.7** 圧密圧力に対する m_v の傾向

●圧縮指数 C_c

圧密圧力 p を横軸に対数目盛で，間隙比 e を普通目盛で縦軸にとり，e と p の関係をプロットすると図-5.6(b) が得られる．図の曲線を **e-$\log p$ 曲線**という．増加圧力の変化に対する間隙比の変化のようすは，図-5.6(b)の直線部分の傾きで表現でき，その傾きを**圧縮指数 C_c** という．

$$C_c = \frac{e_i-e_{i+1}}{\log p_{i+1}-\log p_i} = \frac{\Delta e_i}{\log \frac{p_i+\Delta p_i}{p_i}} \tag{5.4}$$

> **アドバイス**
>
> **わが国の沖積粘土の m_v と C_c の目安**
>
> わが国の沖積粘土の m_v は自然含水比 w_n の関係で図-5.8のように，また C_c は自然間隙比 e_n の関係で図-5.9のようになる． 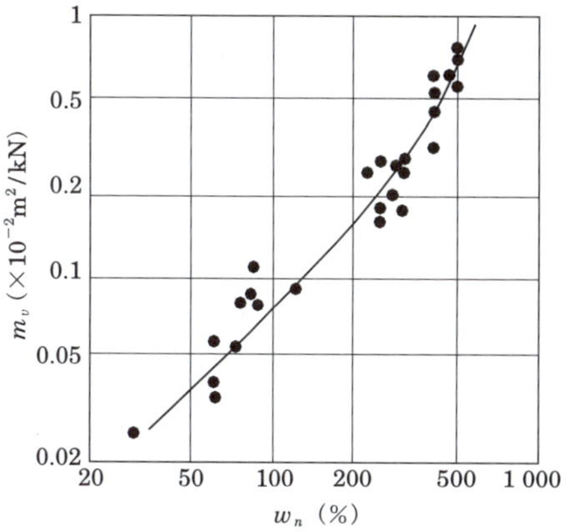
>
> **図-5.8** 自然含水比 w_n とその平均体積圧縮係数 m_v の目安 [14] 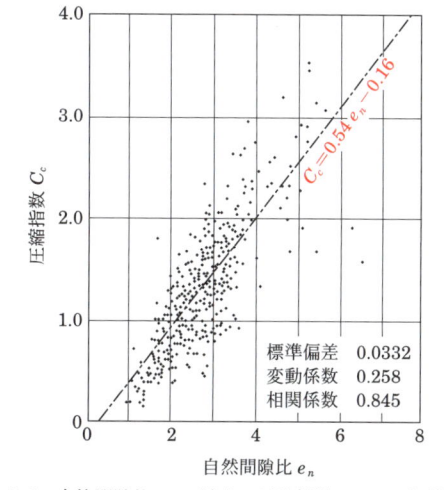
>
> **図-5.9** 自然間隙比 e_n に対する圧縮指数 C_c の目安 [14]
>
> （図-5.9中： $C_c=0.54 e_n-0.16$，標準偏差 0.0332，変動係数 0.258，相関係数 0.845）
>
> e_n は圧密試験における初期間隙比を意味する．w_n に対し e_n は次式の関係にある．
>
> $$e_n = 0.0265 w_n$$

2.2 沈下時間に関係する係数

(1) テルツァギの圧密理論と解析結果

テルツァギは粘土層の中に図-5.10のような微小部分を考え，微小部分の変形の進行から圧密方程式を導いた．

このとき，テルツァギは土を次のように仮定した．

- 粘土の透水係数 k，体積圧縮係数 m_v は圧密中一定である．
- 間隙水の流れは鉛直方向のみ（ダルシーの法則が成り立つ）．
- 間隙は水で飽和している．
- 粘土の構造は弾性的な挙動をする．

> テルツァギの圧密理論には，このような仮定が用いられている．

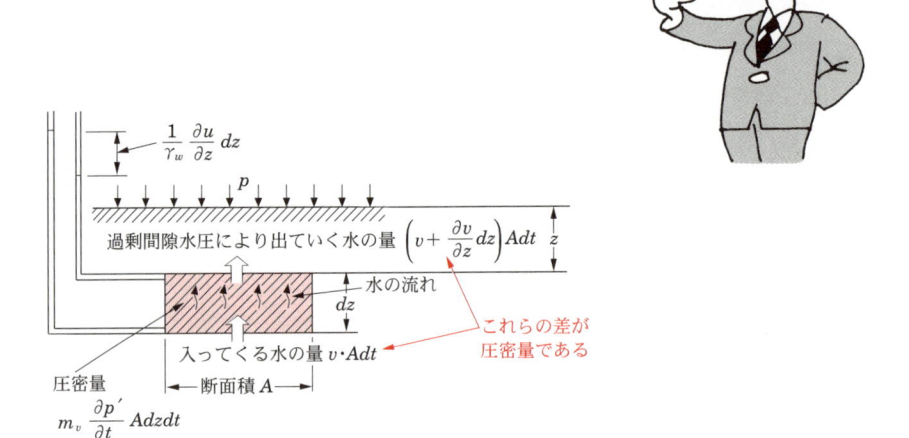

図-5.10 粘土層中に考えた微小部分の圧密進行

微小部分の下から入ってくる水の量と，上から出ていく水の量の差が微小部分の圧密量となる．この関係を過剰間隙水圧の関係に置き換え

$$\frac{\partial u}{\partial t} = \frac{k}{m_v \gamma_w} \times \frac{\partial^2 u}{\partial z^2} \tag{5.5}$$

なる熱伝導型（鉄に熱いものを近づけたとき鉄の中を温度が伝わるのと同じ形）の圧密方程式を導いた．右辺の係数は，粘土の間隙水の流出のしやすさを

$$c_v = \frac{k}{m_v \gamma_w} \tag{5.6}$$

と表し，c_v を**圧密係数**と定義した．

ある c_v の大きさをもつ粘土の圧密開始からの時間を t とすると，圧密速度を表現する c_v との関係から次式の**時間係数** T_v を定義した．

$$T_v = \frac{c_v}{(H')^2} t \tag{5.7}$$

ここに，H'：粘土層の排水距離，t：圧密時間（s または日，用いる時間の単位は c_v と同じ）

2. 圧密の特性を表す係数

粘土層の排水距離 H' の考え方を図-5.11 に示す.

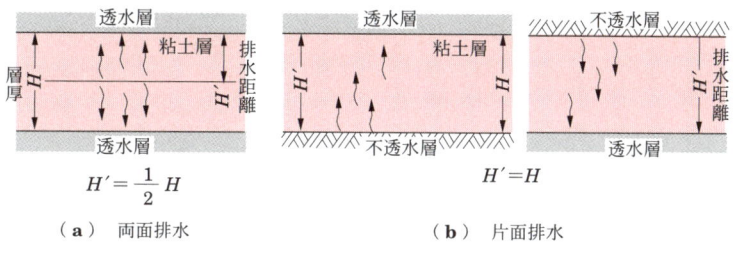

(a) 両面排水 $H' = \dfrac{1}{2}H$　　**(b) 片面排水** $H' = H$

図-5.11 粘土層の排水距離 H' のとり方

式(5.7)で定義された T_v と粘土層全体の平均圧密度 U との間には関数関係があり，式(5.5)を解いて次式を求めた．

$$U = f(T_v) = 1 - \sum_{m=0}^{\infty} \frac{2}{M^2} \exp(-M^2 T_v) \quad (\%) \tag{5.8}$$

ここに，$M = (\pi/2)(2m+1)$，$m = 0, 1, 2, 3, 4 \cdots\cdots$（整数）

式(5.8)の T_v に対する U の値は，T_v を任意に与えて解いていくと，表-5.1, 図-5.12 のように求められる．

表-5.1 時間係数 T_v と圧密度 U の関係

T_v	$U(\%)$	T_v	$U(\%)$	T_v	$U(\%)$
0.005	7.98	0.20	50.41	0.60	81.51
0.01	11.28	0.25	56.22	0.70	85.59
0.02	15.96	0.30	61.32	0.80	88.74
0.04	22.57	0.35	65.82	0.90	91.20
0.06	27.64	0.40	69.79	1.00	93.13
0.08	31.92	0.45	73.30	1.50	98.00
0.10	35.68	0.50	76.40	2.00	99.42
0.15	43.69	0.55	79.13	3.00	99.95

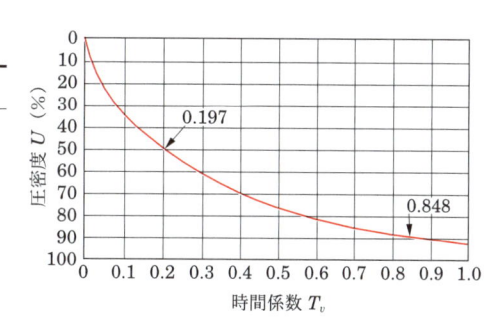

図-5.12 時間係数 T_v と圧密度 U の関係

アドバイス

U と T_v の関係は簡単に計算できる

式(5.8)の右辺の計算はふつうの関数電卓を用いて容易にできる．この式の繰返し計算は，$T_v = 0.19$ より大きくなれば2項，$T_v = 0.8$ 程度となれば1項だけで実用上十分である．また，T_v が小さい ($T_v < 0.3$) の範囲では，次式で近似できる．

$$U = 2\sqrt{\frac{T_v}{\pi}} \tag{5.9}$$

また，U が 53% から 100% 近くまでは，T_v との間に次式の関係がある．

$$T_v = 1.781 - 0.933 \log(100 - U) \tag{5.10}$$

（2） 実験による c_v の決定

圧密試験では各圧力段階で c_v を求める．理論的に求められた圧密度 U と時間係数 T_v（圧密時間 t に対応している）の関係を，試験結果に適用して各圧力段階の c_v を決めている．求める方法には $\sqrt{t}$ 法と曲線定規法がある．

a. $\sqrt{t}$ 法

各圧力段階の時間 t と圧密量 d の関係を，図-5.13 に示す手順で整理して圧密係数 c_v を求める．

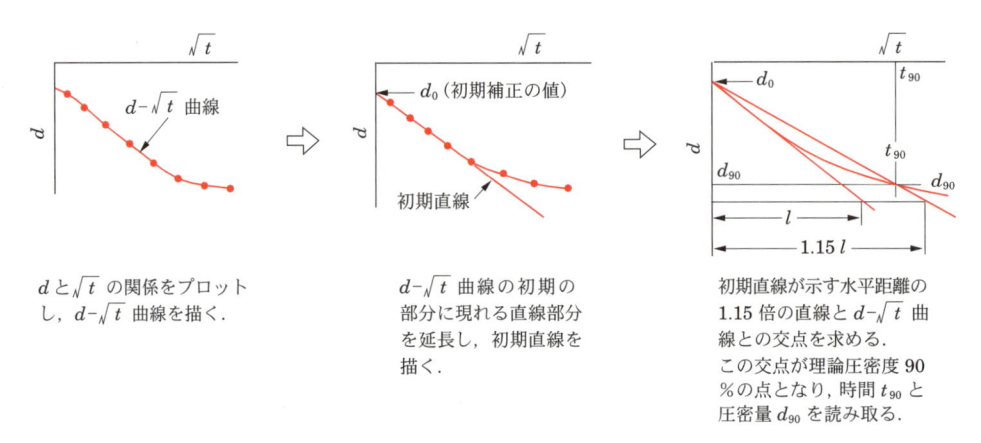

図-5.13 $\sqrt{t}$ 法による c_v の決定

（左図）d と $\sqrt{t}$ の関係をプロットし，d-$\sqrt{t}$ 曲線を描く．

（中図）d-$\sqrt{t}$ 曲線の初期の部分に現れる直線部分を延長し，初期直線を描く．

（右図）初期直線が示す水平距離の 1.15 倍の直線と d-$\sqrt{t}$ 曲線との交点を求める．この交点が理論圧密度 90％の点となり，時間 t_{90} と圧密量 d_{90} を読み取る．

アドバイス

$\sqrt{t}$ 目盛のグラフは簡単につくることができる

普通の方眼紙の横軸に，1 は 1，2 は $\sqrt{2}=1.4142$ となるので 1.4142 目盛に 2 と書き，同様に，3 は $\sqrt{3}=1.732$ のところを 3 とし，4 は $\sqrt{4}=2$ のところを 4 とし，順にそれぞれの平方根の値にもとの数値をおいていくと，$\sqrt{t}$ 目盛のグラフ用紙ができる．

$$c_v = \frac{0.848(H')^2}{t_{90}} \quad (\text{cm}^2/\text{min})$$

$$= 0.848(H')^2 \frac{1\,440}{t_{90}} \quad (\text{cm}^2/\text{日}) \tag{5.11}$$

ただし，H'：排水距離(cm)（圧密試験では，各圧力段階の供試体平均高さを $\overline{H}$ とすると $H'=\overline{H}/2$，図-5.11 参照）

アドバイス

$\sqrt{t}$ 法で勾配を 1.15 倍とることで 90％圧密の時間が求められる理由

圧密の初期の部分では，式(5.9)に示すように $U=(2/\sqrt{\pi})\sqrt{T_v}$ となって，U と $\sqrt{T_v}$ は直線関係で近似できる．つまり，圧密量 d は U と直接対応し，時間 t は T_v に直接対応することから，d と時間の平方根 $\sqrt{t}$ は直線関係で近似できる．

ここで，各圧密段階の初期にみられる直線部分の勾配は $\sqrt{T_v}/U = \sqrt{\pi}/2 = 0.886$ である．また，圧密開始点と $U=90\%$ の点を結ぶ線を描いたとすれば，勾配は $\sqrt{T_v}/U = \sqrt{0.848}/0.9 = 1.023$ である．つまり，両者の比は 1.023/0.886 = 1.15 となるので，実験で得た初期の直線部分の縦軸との水平距離 l を求め，この 1.15 倍の長さをとった点と圧密開始点を結んだ直線を描く．この 1.15 倍勾配の直線と実験曲線との交点は，すなわち $U=90\%$ であることを意味する．

b. 曲線定規法

各圧力段階で得られた圧密量 d と時間 t の関係を，d を普通目盛で縦軸に，t を対数目盛にとって，d-$\log t$ 曲線を描く．別に，表-5.1 の U（d に対応）と T_v（t に対応）の関係から得られる理論曲線を描いて作成される**曲線定規**を，実験で得られた d-$\log t$ 曲線に重ね合わせ，c_v を求める方法である．

この方法を用いる場合は，各試験データの圧密曲線を描くのと同じ片対数方眼紙に曲線定規をあらかじめつくっておく．曲線定規の求め方は図-5.14 で，c_v の求め方は図-5.15 で説明する．

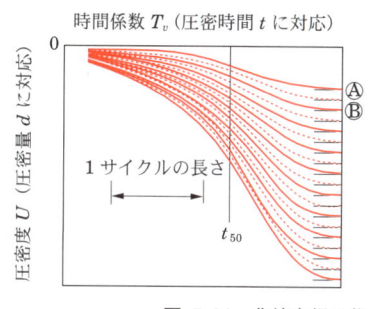

図-5.14 曲線定規の作成方法

① Ⓐの位置に $U=100\,\%$ の位置をとり，表-5.1 の U と T_v の関係（理論曲線）を描く．
② 同様にⒷの位置に $U=100\,\%$ をとり，理論曲線を描く．
③ 順次 $U=100\,\%$ の位置を変えて理論曲線を多数描いていくと曲線定規となる．

図-5.15 曲線定規法による c_v の求め方の手順

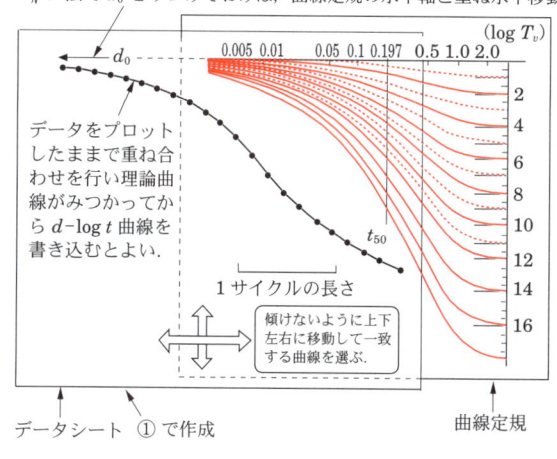

① 縦軸に変位計の読み d を算術目盛に，横軸に圧密時間 t を対数目盛にとって d-$\log t$ 曲線を描く．
② d-$\log t$ 曲線を描いたものと同じ長さの log サイクルに描いた曲線定規（図-5.14 参照）を d-$\log t$ 曲線上にあてて上下左右に平行移動し，d-$\log t$ 曲線の初期部分を含み最も長い範囲で一致する曲線を選ぶ．
③ 一致した理論曲線の水平軸から初期補正点 d_0 を，曲線定規の t_{50} 線および $U=100\,\%$ から時間 t_{50}(min) および d_{100} を読み取る．

$$c_v = \frac{0.197(H')^2}{t_{50}} \quad (\text{cm}^2/\text{min})$$

$$= 0.197(H')^2 \frac{1440}{t_{50}} \quad (\text{cm}^2/\text{日})$$

(5.12)

曲線定規を用いると，粘土の圧密が進行していくようすがよくわかる．

（3） 圧縮係数の整理と計算に用いる圧密係数

圧密試験結果から圧密曲線を片対数方眼紙に記録し，図-5.16 に示すように曲線定規を用いると，理論に沿った圧密進行とそれを超える部分がはっきりわかる．図において理論上の圧密終了（$U=100\%$）までを**一次圧密**という．供試体は，それを超えてだらだらと時間の対数に比例する形で圧密が進行する．$U=100\%$ を超える圧密部分を**二次圧密**という．

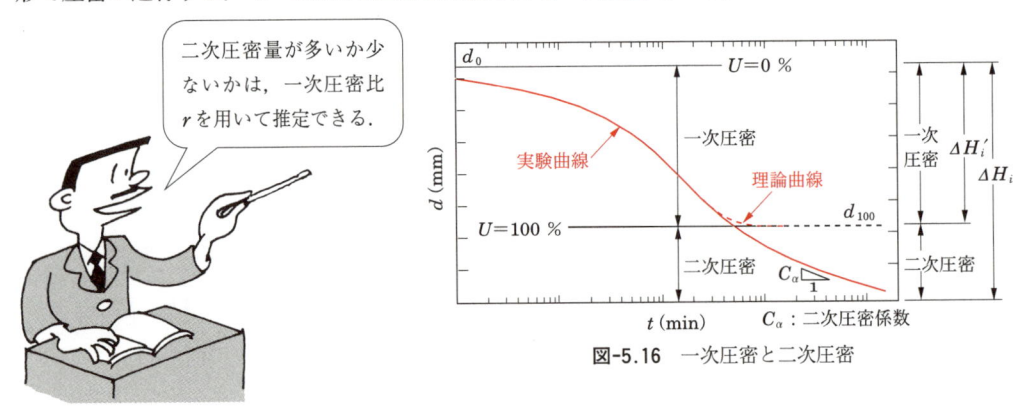

> 二次圧密量が多いか少ないかは，一次圧密比 r を用いて推定できる．

図-5.16 一次圧密と二次圧密

24 時間の圧密量に占める一次圧密の割合を**一次圧密比** r と呼び，次式で与えられる．

$$r = \frac{\Delta H_i'}{\Delta H_i} \tag{5.13}$$

2.1 で説明した m_v は各荷重段階ごとに，それぞれの最終の圧密量に対して求める．それに対応するように，全圧密量に対する圧密係数を補正圧密係数 c_v' として

$$c_v' = r c_v \quad (\text{cm}^2/\text{日}) \tag{5.14}$$

から求めることにしている．

実験で得られた c_v は，それぞれの各荷重段階の平均圧密圧力に対して図-5.17 で示される．設計に用いる c_v は，載荷前の土かぶり圧と載荷後の圧力との平均圧力に対して，図-5.17 のグラフを読み取り圧密時間の計算に用いる．

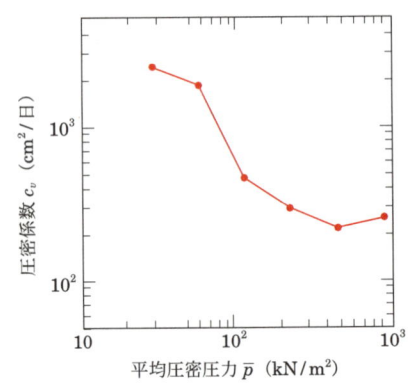

図-5.17 圧密試験における圧密係数 c_v の整理

> **アドバイス**
> **設計では c_v' でなく c_v を用いる**
> 実際の地盤の圧密進行は c_v で計算するよりも速いことが多いので，c_v' が合理的であっても c_v に r を掛けて小さくする作業は実用的でないという考え方も強く，一次圧密部分の c_v を用いている．

3. 粘土の圧密降伏応力と正規圧密と過圧密

　自然地盤の粘土は，歴史的な堆積と時間経過を受けて現在の状態にある．それを乱さないで採取して室内で圧密試験を行う．試験結果には，採取による応力の解放と再載荷の過程を証言する圧密の進行が示されることになる．

　ここでは，粘土が自然状態でたどった経過と室内試験の結果が表す関係を説明し，過去の圧密を評価するカギとなる圧密降伏応力の意味とその求め方，圧密沈下量を考えるうえで重要な粘土の圧密状態を示す正規圧密および過圧密について説明する．

3.1 地質年代にたどった経過

　土の堆積の経過とその間の圧密の過程を模式的に示したのが図-5.18である．図には，地中で想定される堆積の過程を⓪〜④に，その過程でたどる間隙比の変化のようすと土かぶり圧（圧密圧力）の関係を，圧密圧力を算術目盛にとった場合と対数目盛でとった場合で示している．また，堆積後の現在の地盤状態として②③④のケースが考えられる．②③④の状態にある点Aの試料を採取して室内で圧密試験を行って得られる e-$\log p$ 曲線については，図-5.21で詳しく説明する．

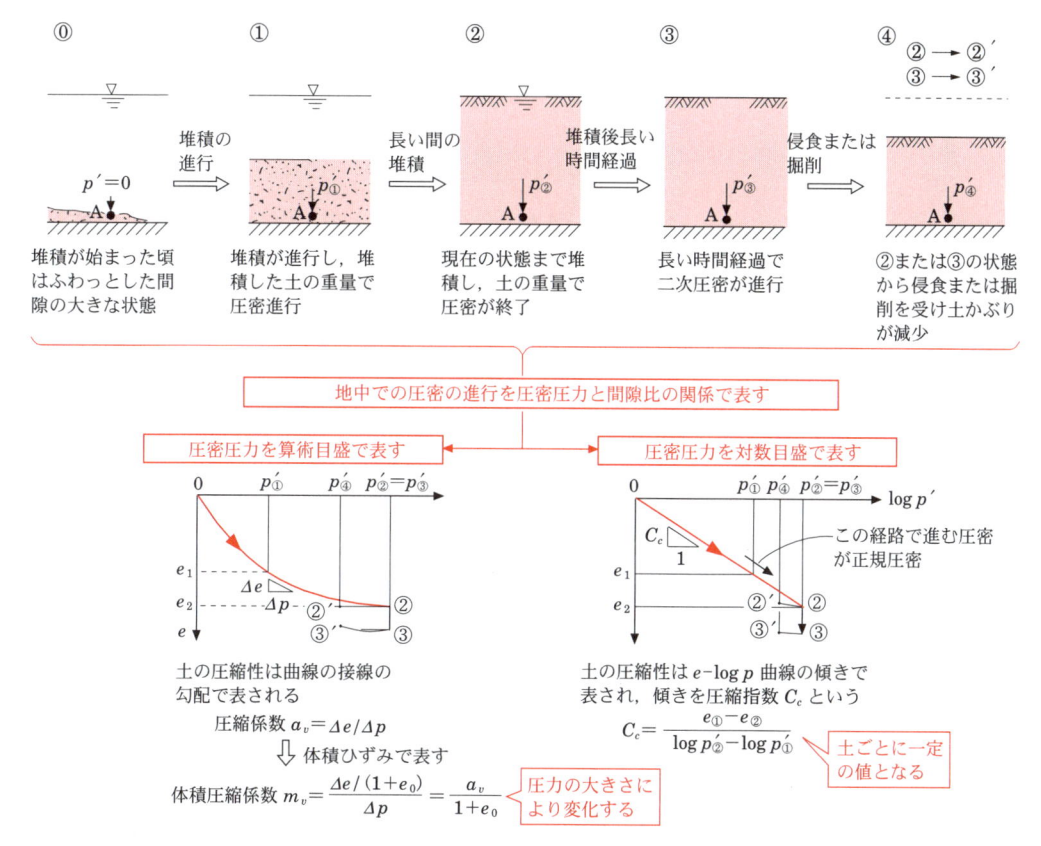

図-5.18 長い地質年代にたどった経過とそのときの土の間隙変化のようす

3.2 圧密降伏応力の決め方

採取した乱さない試料を室内で圧密試験すると，次項の図-5.21のような e-$\log p$ 曲線が得られる．供試体は，地中ではある圧力のもとで圧密され，それを採取することで応力が解放され，図-5.21の③の地盤のAの土では図-5.21のa→bの経路で膨張し，室内で再圧密されることでb→c→dの経路で圧密される．

a→bとb→cは膨張と再圧密がほぼ同じ経路をとり，弾性的な挙動を示すのに対し，c→dは回復不可能な塑性的な挙動を示す．cの圧力は弾性から塑性に降伏したことを示すため，折れ曲がり点の圧力は**圧密降伏応力** p_c と呼ばれる．

室内試験で得られた e-$\log p$ 曲線から圧密降伏応力 p_c を決める方法には，図-5.19に示すキャサグランデ（Casagrande）法と，図-5.20に示す三笠法がある．

> キャサグランデ法は世界的に多く用いられているが，e-$\log p$ 曲線の曲率最大の点Gを個人の判断で決めなければならないため，日本では三笠法を用いることが多い．

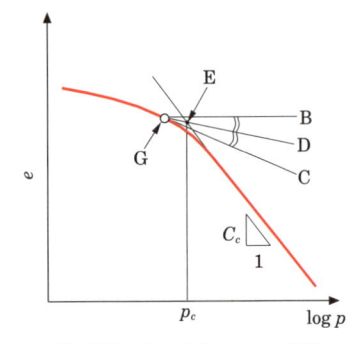

① 試験で得られた e-$\log p$ 曲線の最大曲率の点Gを決める．
② 点Gから水平線GBおよび点Gでの接線GCを引く．
③ 直線GB，GCの二等分線GDを引き，C_c を求めた直線の延長との交点Eを求める．
④ 交点Eの横座標で p_c（kN/m²）が与えられる．

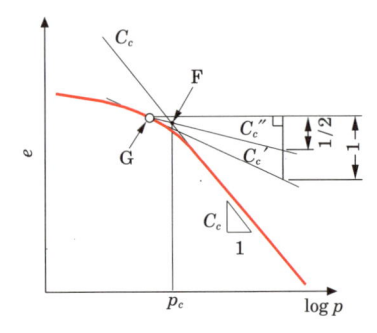

① 得られた e-$\log p$ 曲線の C_c から $C_c' = 0.1 + 0.25 C_c$ を計算し，C_c' 勾配を有する直線が e-$\log p$ 曲線と接する接点Gを求める．
② 点Gを通って $C_c'' = C_c'/2$ なる勾配の直線を引き，この直線と C_c を求めた直線の延長との交点Fを求める．
③ 交点Fの横座標で p_c（kN/m²）が与えられる．

図-5.19 キャサグランデの方法による p_c の決定（方法1）

図-5.20 三笠の方法による p_c の決定（方法2）

3.3 正規圧密と過圧密

地盤中の粘土を考えたとき，粘土が現在受けている圧力 p_v が圧密試験で得られる p_c と等しい状態の場合を**正規圧密**といい，その粘土を**正規圧密粘土**という．これは図-5.18の②にあたる．現在受けている圧力 p_v が p_c より小さい状態の場合を**過圧密**といい，この粘土を**過圧密粘土**という．図-5.18では③と④の2つのケースがある．

過圧密になる状態は，図-5.21のように地質年代という長期の時間経過で二次圧密が進んだ場合と，侵食を受けたり掘削されたりして土かぶり圧が減少した場合が考えられる．

3. 粘土の圧密降伏応力と正規圧密と過圧密

特に図-5.18の③にあたる図-5.21の③のケースは，長い年代を経た土が，年代効果で現在受けている土かぶり圧p_vより大きな圧密荷重を受けたことがないのに，p_cがp_vより大きくなっている過圧密であり，この過圧密な土を**擬似過圧密粘土**（エイジング(aging)を受けた粘土，エイジング粘土ともいう）と呼ぶ（図-5.22）．

粘土がどの程度過圧密の状態にあるかを判定するために，過圧密比(OCR)を用いる．

過圧密比　　$OCR = \dfrac{p_c}{p_v}$ (5.15)

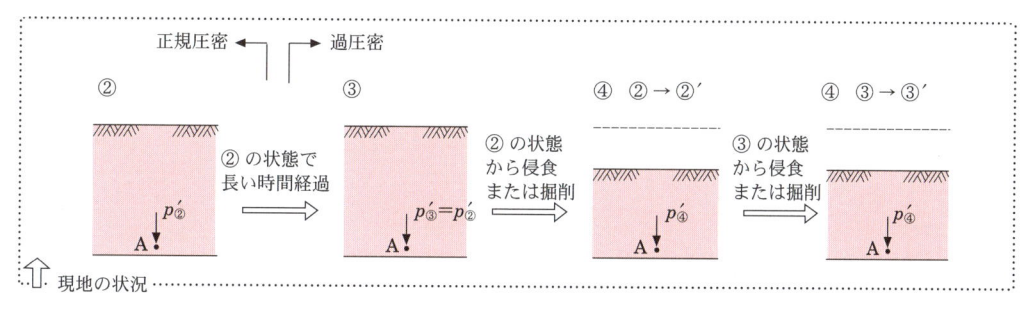

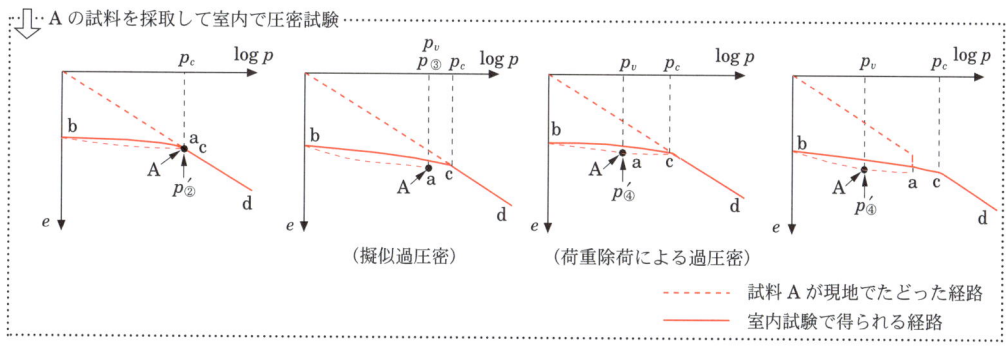

図-5.21 粘土の過圧密――考えられる2つのケース

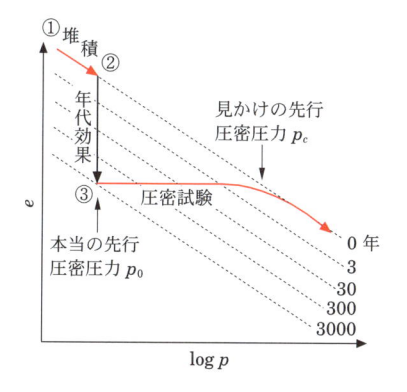

図-5.22 年代効果による過圧密

> **アドバイス**
>
> p_c は試験条件で決まり，過圧密の判定は p_c に頼らざるをえない．
>
> 粘土が地盤中でこれまでに受けた最大の圧密荷重 p_0 を**先行圧密圧力**と呼ぶ．粘土が正規圧密か過圧密かは，p_0 との比較で決めるべきであるが，p_0 を的確に決めることは無理なので，試験で得られる圧密降伏応力 p_c を用いて判定している．
>
> p_c は，圧密試験に用いる圧力増分比や載荷時間間隔を変えると異なってくる．つまり，p_c は与えられた試験条件で決まる値であるが，実務では基準の試験方法で求まる p_c で過圧密を判定している．

3.4 沈下予測の難しさ——二次圧密の問題

粘土は理論圧密終了（$U=100\%$，過剰間隙水圧 $\Delta u = 0$）を過ぎても，図-5.16 で示したように時間とともに二次圧密が進む．圧密試験では二次圧密の進行途中の 24 時間で次の荷重段階に移るが，実際の地盤を考えれば載荷された荷重のもとで二次圧密がずっと続くことになる．図-5.16 の二次圧密部分の勾配を**二次圧密係数**と呼び，C_α で表す．これを実際の粘土地盤に盛土した場合で考えると，長期に進む圧密の進行は図-5.23 のように説明できる．図から，長期の盛土による沈下予測には二次圧密係数 C_α が大きな意味をもつことがわかる．

（a）盛土前の応力状態

（b）盛土後の応力状態

時間の対数について表しているので，時間が経過するほど 1 年あたりの沈下量は小さくなる．対数目盛のマジックに注意！

〈圧密経路を表す e-$\log p$ 曲線〉

〈沈下・時間曲線〉

（c）粘土層内の土要素がたどる圧密過程

図-5.23 実際の粘土地盤の圧密進行

（a）OCR 2 以下の過圧密粘土

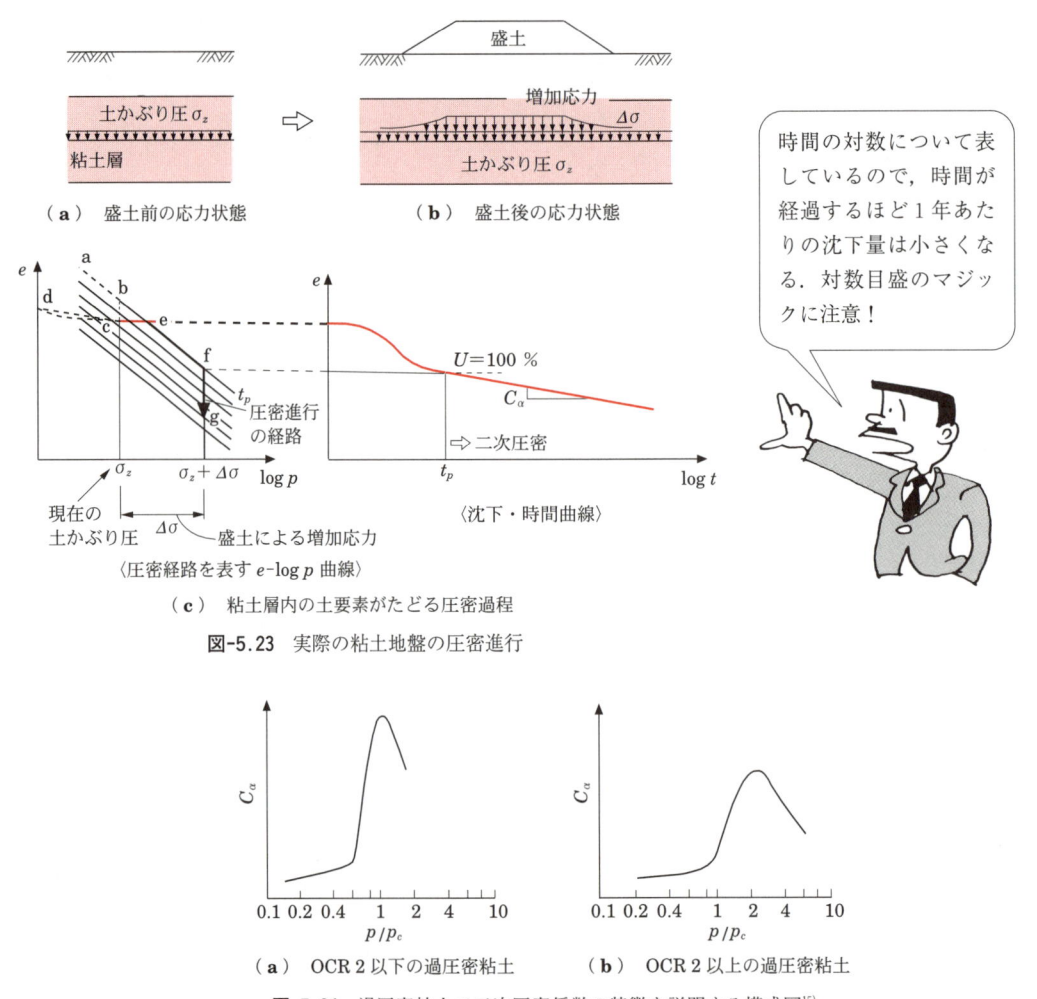

（b）OCR 2 以上の過圧密粘土

図-5.24 過圧密粘土の二次圧密係数の特徴を説明する模式図[15]

C_α が大きい土では，長期の沈下予測で二次圧密を考えることが重要である．図-5.24 に示すように，一般的な過圧密粘土と異なり，特に OCR が 2 以下の過圧密粘土（擬似過圧密粘土と考えられる）では，建設後の圧密荷重が p_c 付近にあると C_α が大きいことが想定されるため，沈下予測に二次圧密の影響を考慮する必要が生じてくる．

4. 圧密の計算

実務において問題となるのは,「圧密沈下量」と,その沈下に要する「圧密時間」である.

これまでも述べたように,圧密は単純に扱えない特性を有することもあり,試験条件や二次圧密などの特性を沈下の計算に十分取り入れられるまでには至っていない.ここでは,実用化されている室内試験結果を用いた一般的な圧密沈下量と圧密時間の計算方法について説明する.

4.1 圧密沈下量の計算式

小さな圧密供試体が示す沈下と同じことが,実際の地盤でも起きると考え,図-5.25 の圧密試験で得られた結果を設計する条件に対応させて沈下量の予測を行う.

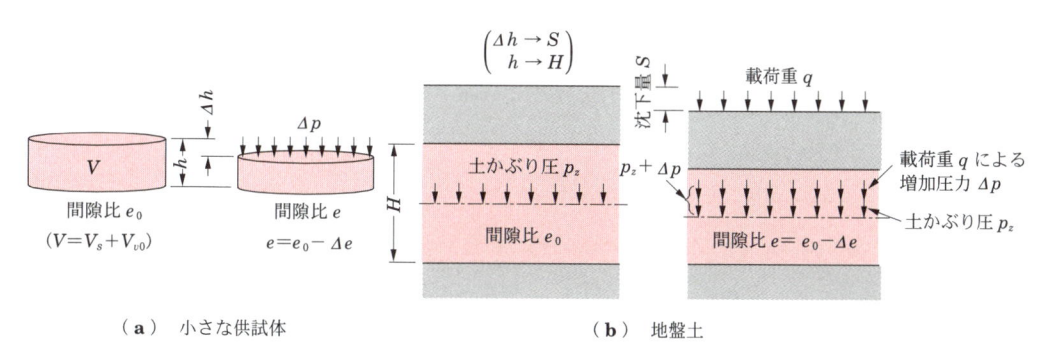

図-5.25 圧密沈下量を考えるときの供試体と地盤の対応

実用される沈下量の計算は,以下に示す3つの式を用いて行う.

いま,供試体のひずみ ε を間隙比の変化 Δe で表示すると

$$\varepsilon = \frac{\Delta h}{h} = \frac{\Delta V}{V} = \frac{\Delta V_v}{V_s + V_{v_0}} = \frac{\Delta V_v / V_s}{1 + V_{v_0}/V_s} = \frac{\Delta e}{1 + e_0} \tag{5.16}$$

供試体の高さ h を地盤の粘土層の厚さ H,供試体の圧密量 Δh を地盤の圧密沈下量 S に置き換えると次式となる.

$$e\text{-}\log p \text{法} \quad S = H \frac{\Delta e}{1+e} = H \frac{e_0 - e}{1 + e_0} \quad (\text{m}) \tag{5.17}$$

e や e_0 は試験で求められた e-$\log p$ 曲線から読み取ることから,**e-$\log p$ 法**と呼んでいる.

式(5.16)の関係に,式(5.4)の関係を $p_1 = p_0$,$p_2 = p_0 + \Delta p$,$e_1 - e_2 = \Delta e$ として代入すると,圧縮指数 C_c を用いた圧密沈下量 S の計算式が次式で得られる.この方法を **C_c 法**と呼ぶ.

C_c法　　$S = H \dfrac{C_c}{1+e_0} \log \dfrac{p_0 + \Delta p}{p_v}$ (5.18)

図-5.25の(b)から $\varepsilon = S/H$ で，この関係を式(5.3)に代入すると，体積圧縮係数 m_v を用いて次式の圧密沈下量の計算式が得られる．この方法を m_v 法と呼ぶ．

m_v法　　$S = H m_v \Delta p$　（m） (5.19)

> **アドバイス**
>
> **設計基準で定める沈下量計算式**
>
> 構造物の設計では，発注する機関ごとに圧密沈下量の計算式が設計基準で定められている．対象とする地盤を考慮して，設計基準で定める沈下量計算法を表-5.2にまとめて示す．
>
> **表-5.2　各設計基準で示す沈下量計算式**
>
> | 設計基準 ＼ 計算法 | e-$\log p$ 法 | C_c 法 | m_v 法 |
> |---|---|---|---|
> | 建築基準構造設計指針 | ○ | △（設計用 e-$\log p$ 曲線を求めたとき） | |
> | 道路橋示方書・下部構造 | ○ | △（正規圧密粘土） | |
> | 道路土工指針(軟弱地盤対策) | ○ | △（正規圧密粘土） | △（正規圧密粘土） |
> | 鉄道構造物設計標準 | ○ | | |
> | 港湾の施設の技術上の基準 | | | ○ |
>
> （注）○ 一般的に適用　　△ 用い方に制約がある

4.2　圧密時間の計算式

圧密沈下量 S の時間進行はテルツァギの圧密理論から求まるが，具体的な圧密時間進行を予測するときは，次の2つのケースに分けて行う．

（1）圧密沈下量 S に至る時間 t の計算

4.1で求めた圧密沈下量 S は最終沈下量を意味する．例えば任意の S_1 に至る時間が必要であれば，$U_1 = (S_1/S) \times 100$ で圧密度を求める．

① 任意の圧密度 U_1 に対する時間係数 T_v を，図-5.12または表-5.1より求める．
② 地盤条件より粘土層の排水距離 H' を決める（図-5.11）．
③ 次式で時間 t を求める．

$$t = \dfrac{T_v (H')^2}{c_v}　（日）$$ (5.20)

ここに，c_v：圧密係数（cm²/日），H'：排水距離（cm）

（2） 時間 t 経過による S の進行予測

最終沈下量 S が 4.1 で求められているので，それが時間の経過に伴いどう進むかは，以下の計算手順に従い，任意の時間 t を順に与え圧密度を求めて計算する．

① 粘土層の最終沈下量 S を求める．
② 時間 t（日）に対する時間係数 T_v を式(5.7)で求める．
③ 求められた T_v に対する圧密度 U_t を図-5.12 より求める．
⑤ 時間 t が経過したときの沈下量 S_t は次式で得られる．

$$S_t = S \times U_t / 100 \tag{5.21}$$

アドバイス

圧密沈下を早める軟弱地盤改良工法は排水距離の短縮がカギ

圧密時間 t は，c_v, T_v が同じなら排水距離 H' の2乗に比例する．排水距離が2倍になれば，圧密時間は4倍かかる．排水距離が1/2になれば，圧密時間は1/4ですむ．

軟弱地盤であっても，圧密が進み沈下して密になると，地盤は強くなり安定する．圧密沈下に長時間かかるため，それを可能な限り短くできれば，軟弱地盤対策として効果的である．そのため，軟弱地盤改良工法では，図-5.26 のように人工的に排水距離を短くし，沈下を早期に終了させる方法をとる．軟弱地盤に砂柱を数多く打設するサンドドレーン工法や，排水のよい幅紙を密に打設するペーパードレーン工法，幅紙の代わりにプラスチック製ボードを打設するプラスチックボードドレーン工法などがある．

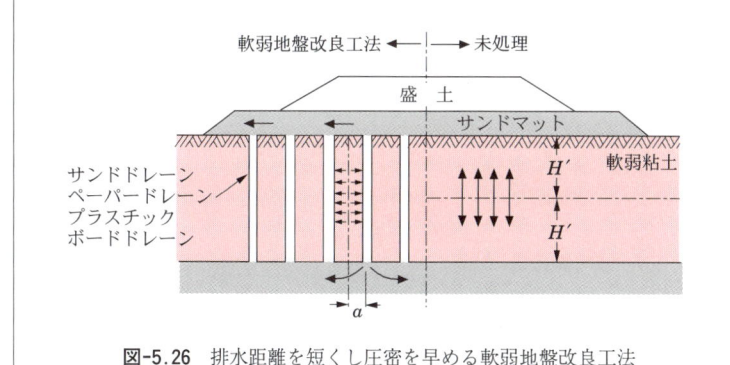

図-5.26 排水距離を短くし圧密を早める軟弱地盤改良工法

> 圧密を早めるには，いかにして排水距離を短くするかがカギとなる

4.3 圧密沈下の計算手順

圧密沈下の計算では，まず沈下量の予測を行い，次にその沈下に要する時間を計算する．沈下量の予測は載荷の条件と，図-5.27 に示すように地盤が正規圧密状態にあるか過圧密状態かを判定し，図-5.28 の手順で計算を進める．

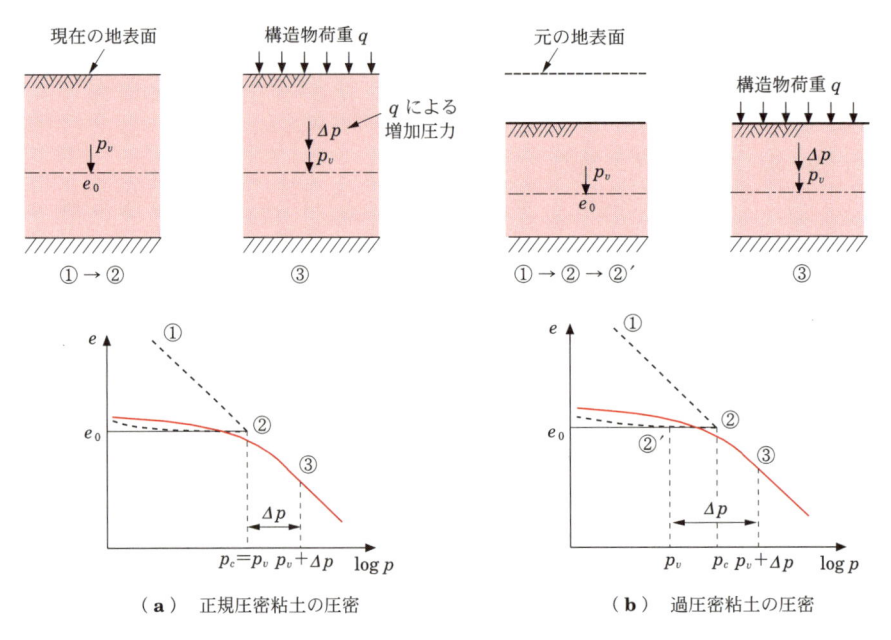

第 5 章　土の圧密

(a) 正規圧密粘土の圧密

(b) 過圧密粘土の圧密

図-5.27 粘土層の圧密状態と沈下の考え方

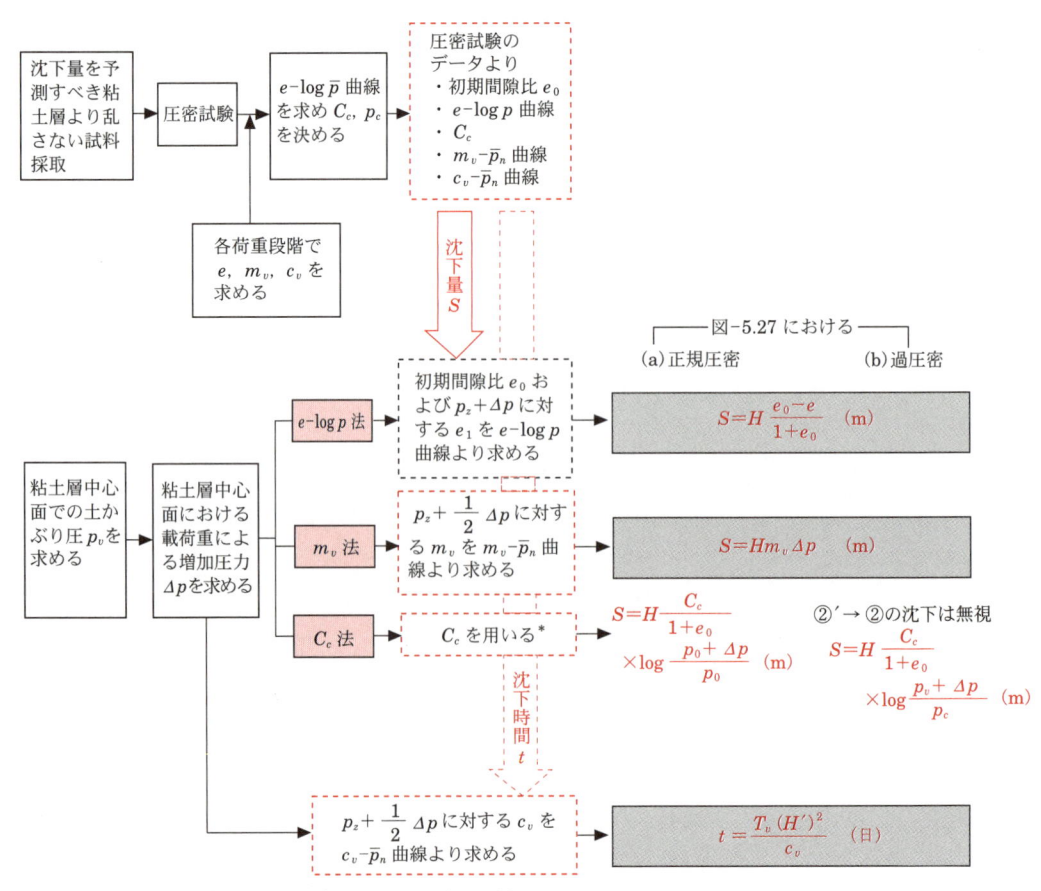

図-5.27 における
(a) 正規圧密　　　(b) 過圧密

e-$\log p$ 法：

$$S = H \frac{e_0 - e}{1 + e_0} \quad (\text{m})$$

m_v 法：

$$S = H m_v \Delta p \quad (\text{m})$$

C_c 法：C_c を用いる*

$$S = H \frac{C_c}{1 + e_0} \times \log \frac{p_0 + \Delta p}{p_0} \quad (\text{m})$$

②′→② の沈下は無視

$$S = H \frac{C_c}{1 + e_0} \times \log \frac{p_v + \Delta p}{p_c} \quad (\text{m})$$

$$t = \frac{T_v (H')^2}{c_v} \quad (\text{日})$$

（注）＊　粘土層が正規圧密か過圧密かによって取扱いが異なる．

図-5.28 粘土層の圧密沈下計算の手順

第6章　土の強さ

　土は自然状態において強さをもっている．地盤上に構造物を建造するときは，支持する地盤が破壊したり沈下しないよう設計しなければならない．土が現在の状態でもつ強さや設計・施工の条件で発揮できる強さを知って初めて，基礎の設計や地盤の安定を検討することができる．圧密沈下については第5章で説明したとおりである．

　土の強さは，鋼材やコンクリートのように一定でなく自然の生成物であるために，いろいろな要因や条件に影響される．例えば，構造物の様式や施工の条件によって強さの発揮のしかたは同じでない．そのため，基礎の設計や安定計算において土の強さの知識はきわめて重要になってくる．

　本章では，土がもつせん断強さ，それを表す強度定数，それを求めるせん断試験，現場の条件で発揮されるせん断強さの関係など，基礎の設計や地盤の安定計算に必要な土の強さの基礎的な内容を解説する．

1. 土のせん断強さ

　土が発揮するせん断強さは定まったものでなく，条件によりさまざまである．
　ここでは，「土のせん断強さ」を知るために，せん断強さを表現するクーロン(Coulomb)の式，発揮される強さに関係する土そのものの性質，せん断されるときの排水条件，自然状態でもつ強さなど，土のせん断強さを知るうえで理解しておくべき基本的事柄を解説する．土のせん断強さは試験を行って求めるが，方法は次節で詳しく述べる．
　この節は次節以降を理解するためのポイントである．

1.1 土のせん断強さとは

　図-6.1のように軟弱な地盤に盛土を行ったときを考えてみよう．盛土を徐々に高くしある高さに達したとき，地盤は破壊する．
　盛土が高くなるに従って，地盤内には盛土荷重によりせん断しようとするせん断応力が増えていく．土がもっているせん断に対する抵抗値よりせん断応力が小さい間は破壊しない．このせん断に対する土のもつ抵抗値を**せん断強さ**という．
　盛土を高くしていくと地盤内のせん断応力は増え，せん断強さより大きくなったとき，ある面に沿ってすべり破壊する．破壊面を**すべり面**といい，通常，円弧をなしている．

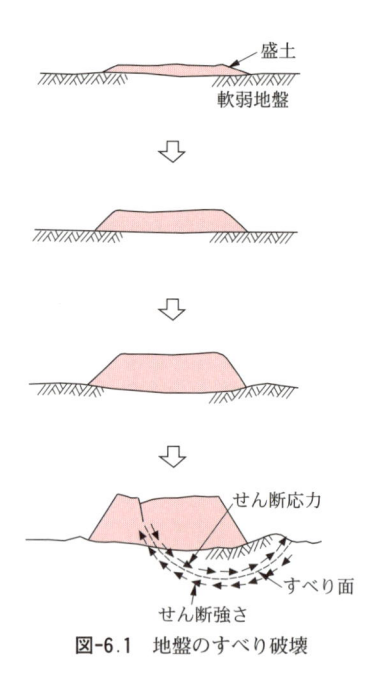

図-6.1 地盤のすべり破壊

1.2 土のせん断強さ――クーロンの式による表現

　上下2つに分離できるせん断箱に試料を入れ，図-6.2(a)に示すように一定の垂直荷重 P のもとでせん断力 S を加え，土をせん断していくと，あるせん断応力のもとで土はすべり破壊する．供試体の断面積を A とすると

垂直応力　　　$\sigma = \dfrac{P}{A}$　（kN/m²）　　　　　　　　　　　　　　　　　(6.1)

せん断応力　　$\tau = \dfrac{S}{A}$　（破壊時 $\tau_f = S_f/A$，せん断強さ $s = \tau_f$）　（kN/m²）　(6.2)

1. 土のせん断強さ

垂直応力 σ (kN/m²)	98	196	294
破壊時のせん断応力 τ_f (kN/m²)	62.6	105.1	147.9

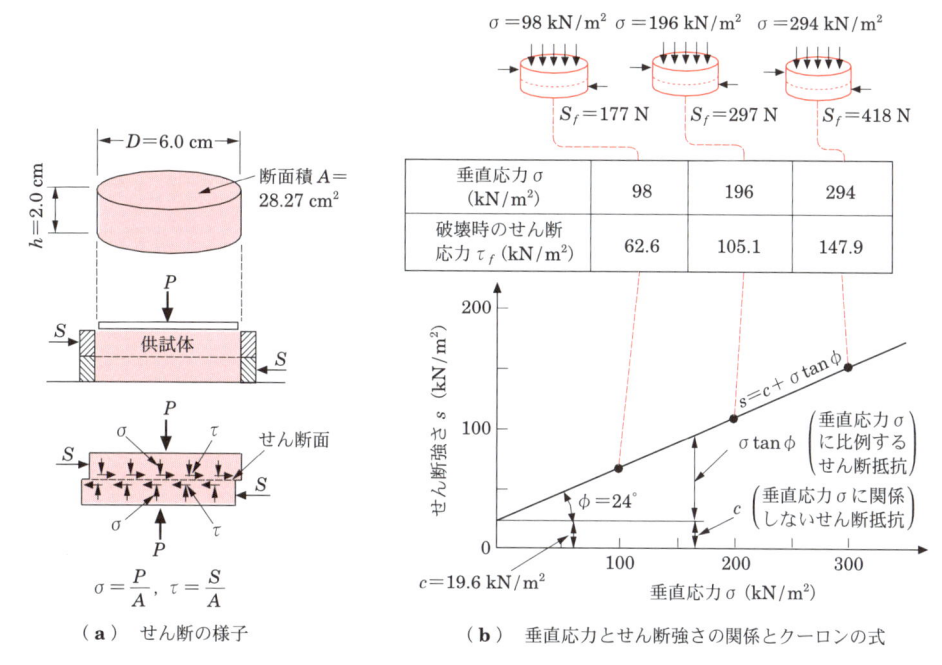

（a）せん断の様子　　　（b）垂直応力とせん断強さの関係とクーロンの式

図-6.2　土のせん断とクーロンの式

　破壊時のせん断応力 τ_f は，土が垂直応力 σ のもとで発揮されるせん断強さ s を表している．いくつかの大きさの σ のもとでせん断すれば，対応するせん断強さがそれぞれ求められる．σ と s の関係は図-6.2（b）のようになる．

　図（b）の直線が**クーロンの式**で，どのくらいの垂直応力のもとでどの程度のせん断強さを発揮するかを示している．

クーロンの式　　$s = c + \sigma \tan \phi$　　　　　　　　　　　　　　　　　　　　　(6.3)

ここに，s：せん断強さ（kN/m²），c：粘着力（kN/m²），σ：せん断面に働く垂直応力（kN/m²），ϕ：せん断抵抗角（内部摩擦角）

> 土の破壊の条件を表す式のことを破壊基準，式(6.3)を**クーロンの破壊基準**という．

アドバイス
発揮するせん断強さにはひずみが隠れている

　土が外力を受けたときに発揮できるせん断強さ s は，ある程度の変位（ひずみ）を伴う（図-6.11（a）参照）．最大の強度を発揮するひずみは，せん断の条件や土によって異なり，許容される変位に対する強度を考えなければならないこともある．

　また，粘性土は，最大の強度よりも小さな一定の応力を受け続けると，変形が時間とともに進む（この現象を**クリープ**という）性質ももっている．

　このように，土の強度の発揮にはひずみが伴うことを忘れてはならない．

あるすべり面を考えたとき，作用する外力や土の自重から破壊しようとするせん断応力 τ は容易に計算できる．このとき

$$\tau < s$$

の関係があれば土は破壊しない．s を求める場合，σ を外から作用する力から直接得られる全応力で考えるか，せん断面に作用する有効応力で考えるかで異なる．また，c，ϕ は土にダイレイタンシー（次項で学ぶ）があるため，せん断される条件によって発揮のしかたが違ってくる．

> せん断時の条件によって，σ が増えても現有の強さ以上発揮できない場合がある．s の的確な推定が重要．

例題 粘着力 $c = 30\,\text{kN/m}^2$，内部摩擦角 $\phi = 20°$ の土でできた斜面がある．図-6.3 に示すように，斜面内のある面上には，垂直応力 $\sigma = 78\,\text{kN/m}^2$ とせん断応力 $\tau = 45\,\text{kN/m}^2$ が作用している．この面でのせん断強さはいくらか．また，すべり破壊するか答えよ．

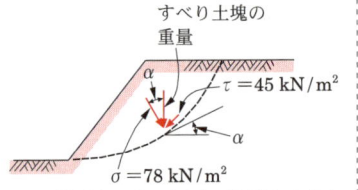

図-6.3 斜面内のすべり面に作用する応力

（解） せん断強さ s は式(6.3)のクーロンの式を用いて求まる．
$$s = c + \sigma \tan\phi = 30 + 78 \times \tan 20° ≒ 58.4\,\text{kN/m}^2$$
いま，すべり破壊を起こそうとするせん断応力が $\tau = 45\,\text{kN/m}^2$ であり
$$\tau = 45\,\text{kN/m}^2 < s = 58.4\,\text{kN/m}^2$$
となるので，せん断強さのほうが大きく，土はその面ですべり破壊しない．

1.3 土だけに存在するダイレイタンシー

ゆるい砂や正規圧密粘土は，せん断されると体積が減少する．逆に密な砂や過圧密粘土は，せん断されると体積が増加する．このようにせん断に伴って体積が変化する現象を**ダイレイタンシー**と呼ぶ．この現象を説明したのが図-6.4 である．

土は，粘土でも砂でも基本的に同じ粒状体と考えてよい．粒状体をなす土のせん断を考えるうえでカギとなるのは，土のダイレイタンシーである．荷重の作用する条件や施工の条件によって土の発揮するせん断強さは異なる．これは土のもつダイレイタンシーによって過剰間隙水圧の発生が異なるためであり，1.4 と 2.2 で説明するせん断試験に用いる排水条件によって強さの発揮のしかたが後出の図-6.8 のように異なるのはこのためである．

1. 土のせん断強さ

ゆるい砂，正規圧密粘土 / 密な砂，過圧密粘土

体積減少 / 体積増加
せん断 / 排水を許す / 水の出入を許す / 水
排水を許さない / 水の出入を許さない

ぼくは間隙水だ．土粒子を支えているんだ！
ぼくは間隙水だ．土粒子を引っ張っているんだ！

排水を許したときの体積変化
非排水にしたときの過剰間隙水圧の変化

ダイレイタンシーは，鋼やコンクリートにはなく，土だけにみられる現象である．飽和した同じ土の強度が排水条件により異なるのはダイレイタンシーがあるからである．

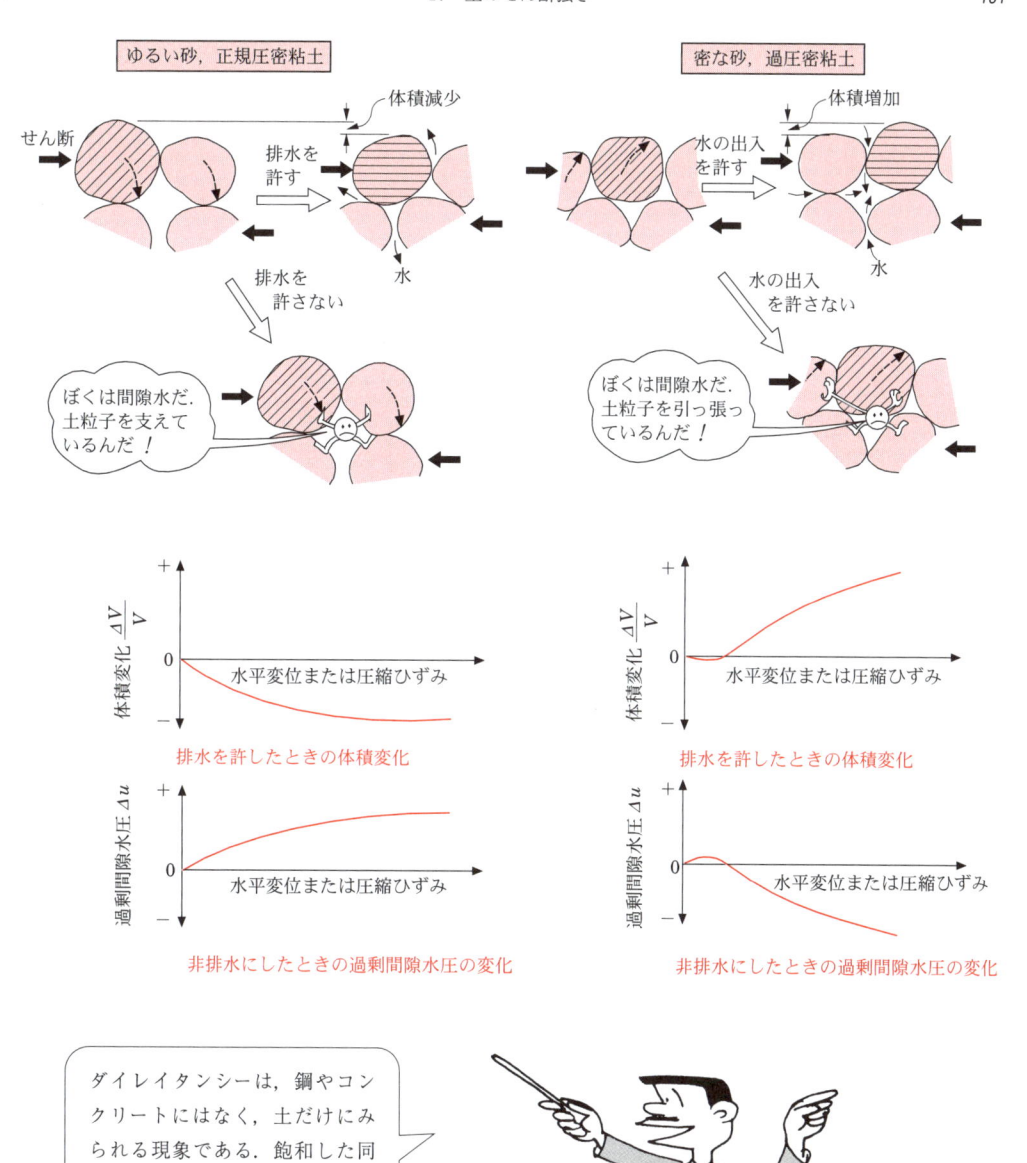

図-6.4　土のせん断に伴う体積変化と過剰間隙水圧

アドバイス

ダイレイタンシーの発生の大きさを示す間隙水圧係数

円柱状の供試体に非排水の条件で，側圧 $\Delta\sigma_3$ を掛けた状態で $\Delta\sigma_1$ を作用させると（p.110 の三軸圧縮試験），供試体内に発生する過剰間隙水圧 Δu はスケンプトン（Skempton）により次式で示される．

$$\Delta u = B(\Delta\sigma_3 + A(\Delta\sigma_1 - \Delta\sigma_3)) \quad (\text{kN/m}^2) \tag{6.4}$$

ここに，A, B：間隙水圧係数

飽和した土では $B=1$ となる．供試体が破壊したときの A を A_f と表し，破壊時の $\Delta\sigma_1$ を $\Delta\sigma_{1f}$，Δu を Δu_f とすると

$$A_f = \frac{\Delta u_f}{\Delta\sigma_{1f}} \tag{6.5}$$

となり，いろいろな土の試験での A_f は表-6.1 のようになる．

表-6.1 破壊時の間隙水圧係数 A_f [16)]

鋭敏な粘土	0.75～1.5
正規圧密粘土	0.5～1.0
締め固めた砂質粘土	0.25～0.75
締め固めた粘土まじり礫	−0.25～0.25
やや過圧密の粘土	−0.5～0
非常に過圧密の粘土	−2.0～−1.0

（注）データは，室内実験により得たものである．

> 正規圧密粘土を用いた室内試験では $A_f = 1.0$ であることが多いが，現場の土の破壊時の Δu_f を適切に推定することは無理．安定計算の難しさがここにある．

1.4 せん断における全応力と有効応力

土にはせん断に伴うダイレイタンシーがあるため，間隙が水で飽和された土では，せん断に伴って生じるダイレイタンシーで間隙水の移動が必要になる．間隙水が移動できないと，正規圧密粘土やゆるい砂では体積が変化できない分を過剰間隙水圧で受け持つ．これは，せん断時に過剰間隙水圧により有効応力が変化することを意味する．

図-6.5 の場合を考えよう．外から作用する P を断面積 A で割って，せん断面に作用する垂直応力 σ が求まる．外力から直接求められる応力は全応力である．ところが，ダイレイタンシーが原因で過剰間隙水圧 Δu が発生すると，せん断面に作用する有効応力は

$$\sigma' = \sigma - \Delta u \quad (\text{kN/m}^2) \tag{6.6}$$

となる．このときせん断応力 τ は Δu の発生に影響されずに働く．

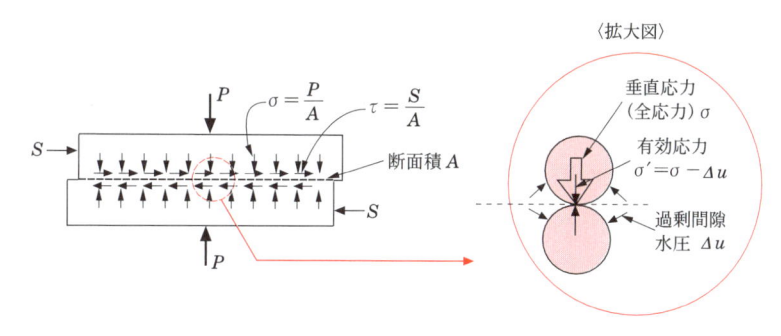

図-6.5 せん断面に働く応力

土のせん断強さは，せん断面に作用する有効応力 σ' で決まる．式(6.6)が示すように，σ' は発生する過剰間隙水圧 Δu がわからないと求められない．

正規圧密粘土――透水性が小さい
　　　　　　　（せん断されると過剰間隙水圧発生）
ゆ る い 砂――透水性が大きい
　　　　　　　（間隙水が移動できないほどの速いせん断では過剰間隙水圧発生）

ゆるい砂は，地震時にはこうなっている．

図-6.5において，荷重などの作用によってせん断しようとするせん断応力 τ が作用するのに，これらの土質では作用する垂直応力 σ による摩擦成分（$\sigma \tan\phi$）で抵抗するはずが，Δu によって有効応力がその分減ることになり（$\sigma'=\sigma-\Delta u$），せん断抵抗が確実に期待できなくなる．

過圧密粘土や密な砂では，Δu は負の値になる．つまり，有効応力が増える働きになる．

1.5 せん断試験と排水条件

1.2で説明した粘着力 c，内部摩擦角 ϕ は，土にダイレイタンシーがあるため，室内試験で求めるとき，全応力の関係で求めるか，有効応力の関係で表すかで異なることは理解できる．せん断試験では，せん断時に間隙から排水を許さない条件（**非排水条件**という）でせん断する方法や，過剰間隙水圧が発生しないようにゆっくり排水しながらせん断する（**排水条件**という）方法などが考えられる．これをせん断時の「排水条件」という．また，土の強度定数は土工の設計や安定計算に用いるので，現場の条件を考慮して設計の目的に合わせて，せん断時の排水条件を選ぶ必要がある．

正規圧密粘土地盤に盛土を建設するときの設計の条件と，室内試験に用いられる排水条件の関係を示すと，図-6.6のようになる．

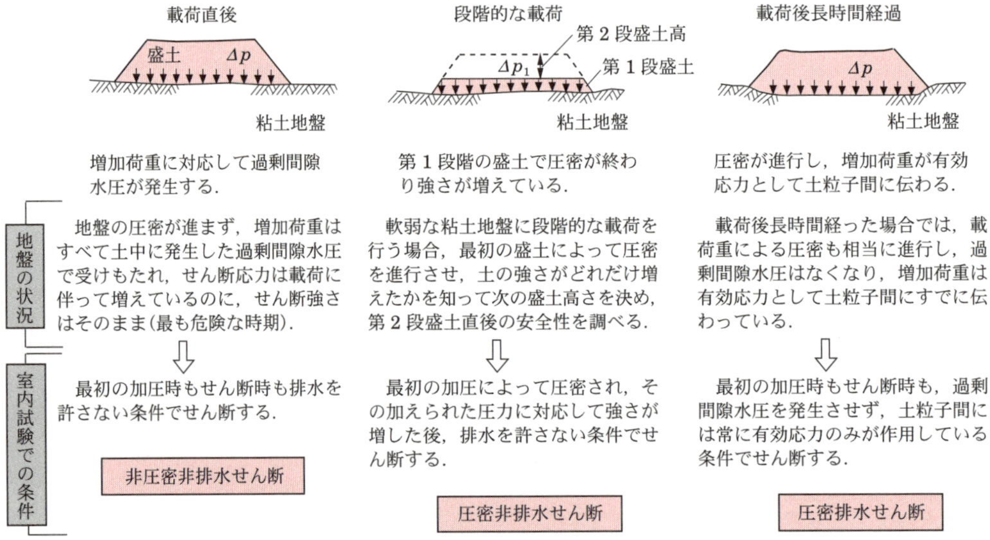

図-6.6 盛土の載荷条件とそれに対応する地盤の排水条件

載荷直後

盛土 Δp
粘土地盤

増加荷重に対応して過剰間隙水圧が発生する．

地盤の状況：地盤の圧密が進まず，増加荷重はすべて土中に発生した過剰間隙水圧で受けもたれ，せん断応力は載荷に伴って増えているのに，せん断強さはそのまま（最も危険な時期）．

室内試験での条件：最初の加圧時もせん断時も排水を許さない条件でせん断する．

⇒ **非圧密非排水せん断**

段階的な載荷

Δp_1 第2段盛土高／第1段盛土
粘土地盤

第1段階の盛土で圧密が終わり強さが増えている．

軟弱な粘土地盤に段階的な載荷を行う場合，最初の盛土によって圧密を進行させ，土の強さがどれだけ増えたかを知って次の盛土高さを決め，第2段盛土直後の安全性を調べる．

最初の加圧によって圧密され，その加えられた圧力に対応して強さが増した後，排水を許さない条件でせん断する．

⇒ **圧密非排水せん断**

載荷後長時間経過

Δp
粘土地盤

圧密が進行し，増加荷重が有効応力として土粒子間に伝わる．

載荷後長時間経った場合では，載荷重による圧密も相当に進行し，過剰間隙水圧はなくなり，増加荷重は有効応力として土粒子間にすでに伝わっている．

最初の加圧時もせん断時も，過剰間隙水圧を発生させず，土粒子間には常に有効応力のみが作用している条件でせん断する．

⇒ **圧密排水せん断**

> **アドバイス**
> **室内せん断試験における3種類の排水条件**
> - **非圧密非排水せん断**……供試体を圧密させない（unconsolidated）で，さらにせん断中も間隙水を排水させない（undrained）でせん断する…… **UUせん断**
> - **圧密非排水せん断**………供試体を圧密させた後（consolidated），間隙水の排水を許さない（undrained）でせん断する…… **CUせん断**．過剰間隙水圧を測定する場合は $\overline{\text{CU}}$ せん断
> - **圧密排水せん断**…………供試体を圧密させた後（consolidated），過剰水圧が発生しないよう排水しながら（drained）せん断する…… **CDせん断**

1.6 土は自然状態で強さをもつ

自然状態にある土がどのように堆積して現在に至り，その間，土はどのような間隙比や強度の変化をたどるかを，図-5.18と同様に模式図にして，図-6.7に示す．図⓪〜④は地盤のたどる経過を，図（Ⅰ）（Ⅱ）（Ⅰ′）（Ⅱ″）はたどる経路を，土かぶり圧，間隙比，強度の関係で示したものである．

図⓪に示す堆積の初期（⓪・）では，ふわっとした状態で間隙比はかなり大きく，図（Ⅰ）の圧密圧力－間隙比曲線においては⓪の位置にある．土かぶり圧はほぼ0であり，せん断強さは0となるため，垂直圧力－せん断強さの関係を示す図（Ⅱ）では，原点に位置する．⓪の状態の土の上に長い年月堆積が進むと図⓪から②へ，図（Ⅰ）（Ⅱ）においては①から②へ進んでいく．図（Ⅰ）（Ⅱ）の⓪→①→②は正規圧密状態の経路を示している．室内試験で粘性土をせん断したとき，正規圧密粘性土の強度定数は $c' = 0$ となり，ϕ' のみとなる意味は図（Ⅱ）の関係を指している．もし，図(a)の②の状態にあった地盤が，その後図④の状態に至れば，土の状態は②→④に移動している．

また，図(a)の②の土かぶりのままで，長い年月かかって二次圧密が進行したり，化学的結合作用などが生じていれば，土の状態は（Ⅰ′）（Ⅱ″）の②→③に至る．このような土で，図(a)の④の

1. 土のせん断強さ　　105

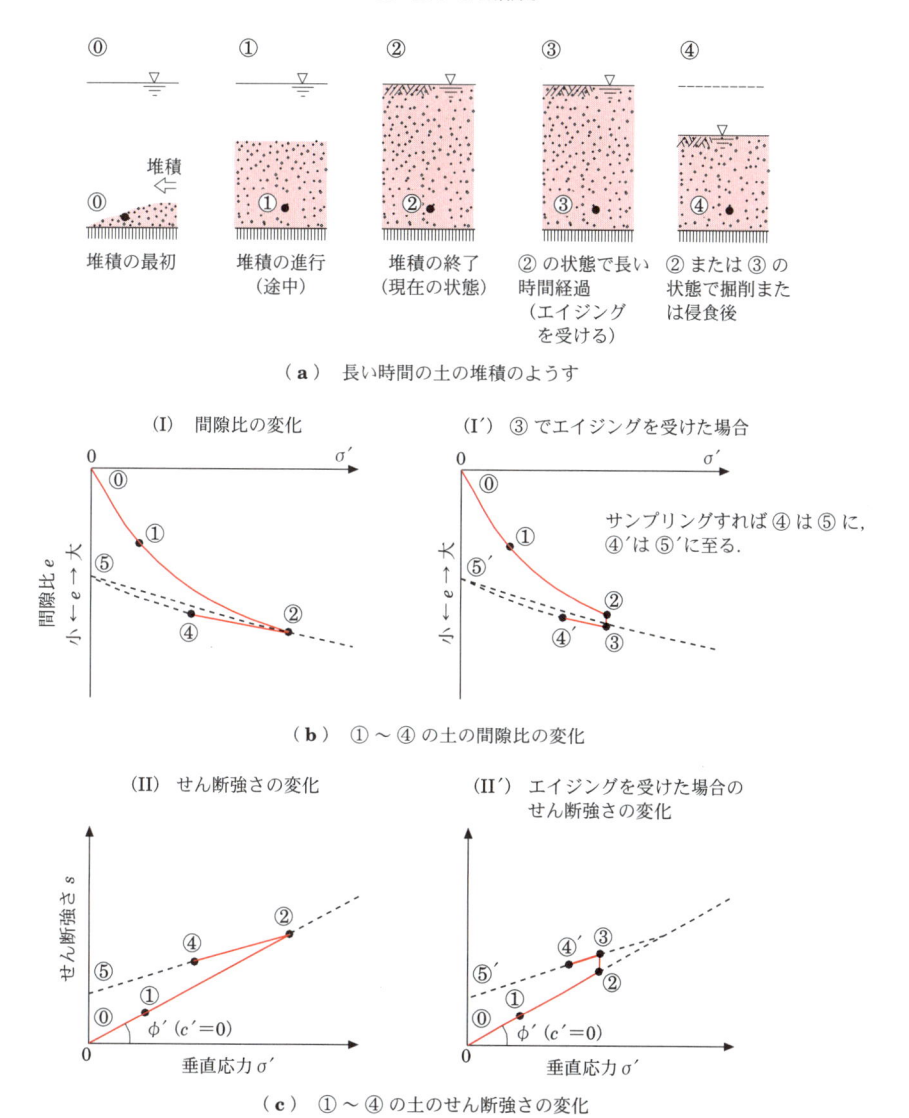

⓪	①	②	③	④
堆積の最初	堆積の進行（途中）	堆積の終了（現在の状態）	②の状態で長い時間経過（エイジングを受ける）	②または③の状態で掘削または侵食後

（a）長い時間の土の堆積のようす

（I）間隙比の変化　　　（I'）③でエイジングを受けた場合

サンプリングすれば④は⑤に，④'は⑤'に至る．

（b）①～④の土の間隙比の変化

（II）せん断強さの変化　　　（II'）エイジングを受けた場合のせん断強さの変化

$\phi'\ (c'=0)$

垂直応力 σ'

（c）①～④の土のせん断強さの変化

図-6.7　自然状態にある土が長い年月の間にたどる経路

ように土かぶりが減少すれば，土は（I'）（II'）の②→③→④に変化している．

　自然状態にある土は，長い地質年代の間にどれかの状態に至っており，歴史を反映した強さをもっている．これらの土を乱さないで採取し室内試験を行えば，図中の破線で示したように，採取によって応力解放を受け，⑤または⑤'に膨潤された後，室内におけるせん断試験では図（II）または（II'）の破線のようなクーロンの破壊線が得られる．いずれも，室内試験の圧力範囲が正規圧密領域では，クーロンの破壊線は原点を通る直線で表される．

2. 土のせん断試験と強度定数の決定

　土の強度定数 (c, ϕ) は，原位置より採取された乱さない試料を用いて室内でせん断試験を行って求める．盛土や材料土として用いる場合，締め固めた土について試験することもある．

　室内のせん断試験方法にはいくつかあり，ひと口に土の強度定数といっても，排水条件などの試験条件により異なる．設計の目的や安定計算の条件を考慮して試験方法や試験条件が選ばれる．

　ここでは，規格化され実用化されている室内せん断試験の，排水条件，試験方法，強度定数の求め方を説明する．

2.1　室内せん断試験の種類

　室内せん断試験には，表-6.2に示すような一面せん断試験，三軸圧縮試験，一軸圧縮試験に加えベーンせん断試験がある．これらは用いる試料の状態，条件，目的により使い分ける．それぞれの試験のせん断の機構から，方法，強度定数の決め方，適用できる土質などをまとめたのが表-6.2である．ベーンせん断試験は自立できない軟弱な粘性土に用いられ，室内試験として実施されることはまれなので，ここでは取り上げない．

表-6.2　せん断試験の種類とそれぞれの特徴の説明

	一面せん断	三軸圧縮	一軸圧縮	ベーンせん断
せん断機構	せん断箱に試料を入れ，$S=\tau A$，加圧板を通してσの圧力で押した状態でせん断する（供試体）	ゴム膜をかぶせた供試体にσ_1，σ_3をかけて圧縮	$\sigma_1 = q_u$ 供試体	ベーン
せん断方法	試料を，上下に分かれたせん断箱に入れ，加圧板を通してσの圧力で押えた状態でせん断する．σの異なる4つ以上の値に対してせん断応力τ_fをそれぞれ測定する．	円柱形供試体に薄いゴム膜をかぶせ，側圧σ_3を一定にして供試体が圧縮破壊する最大のσ_1を測定する．σ_3の異なる3つ以上の値に対するσ_1をそれぞれ求める．	円柱形供試体を，側圧をかけずに圧縮してゆき，最大の圧縮強さq_uを測定する．	図のベーンを土中に押し込んで，土を円筒面でせん断するのに必要な回転ねじりモーメントの最大値$M_{\max}$を測定する．
特色	・あらゆる土質に使える． ・使用する試料が少なくてすむ． ・拘束が大きく，せん断面が限定されている． ・改良型一面せん断試験機以外では，排水の調節が困難である．	・あらゆる土質に使える． ・理論的には最もよいが，操作がむずかしい．	・自立できる粘性土だけに用いられる． ・操作は最も簡単である．	・粘性土（特に軟らかい）に用いる． ・サンプリングせずに直接現地で測定できる．

2.2 せん断試験に用いる排水条件

強度定数の粘着力 c, 内部摩擦角 ϕ の値は，表-6.2 で説明した試験を利用して求める．c, ϕ の値は，試験における供試体内の間隙水の排水の制御のしかたによって，図-6.8 のように見かけ上異なる結果が得られる．そのため，盛土や構造物荷重が載荷されたときの地盤の安全性を検討するには，図-6.6 で説明したように，現地の状況に対応した排水条件のもとでせん断試験を行い，c, ϕ を求める．安全性を判定する目的で採用される図-6.6 の3種類の排水条件について，三軸圧縮試験の手順などをまとめると表-6.3 のようになる．

表-6.3 せん断試験の排水条件

排水条件	非圧密非排水せん断試験(UU試験)	圧密非排水せん断試験(CU試験)	圧密排水せん断試験(CD試験)
試験の方法（最初の加圧時）	排水バルブ→閉	排水バルブ→開 間隙水の排水を許し，圧密を終了させる．	排水バルブ→開 間隙水の排水を許し，圧密を終了させる．
試験の方法（せん断時）	加圧時，せん断時のどちらの場合も間隙水の排水を許さないで行う． 排水バルブ→閉	圧密終了後，間隙水の排水を許さないでせん断する（過剰間隙水圧 u の測定を行う）． 排水バルブ→閉	圧密終了後，間隙水の排水を許し，過剰間隙水圧が発生しないようにしてせん断する． 排水バルブ→開
求められた c, ϕ の表し方（図-6.8参照）	c_u, ϕ_u （土が飽和していれば $\phi_u = 0$）	c_{cu}, ϕ_{cu} c', ϕ' （u を測定した場合）	c_d, ϕ_d ($c_d \fallingdotseq c'$, $\phi_d \fallingdotseq \phi'$)
試験結果の適用	構造物載荷後の短期間における安全性を検討する場合．	粘土地盤の圧密による強さの増加を推定する場合． c', ϕ'：CD試験の代用として，構造物載荷後長時間たってからの安全性を検討する場合．	構造物載荷後長時間たってからの安全性を検討する場合．
一面せん断試験の場合（改良型）	非圧密定体積せん断	圧密定体積せん断	圧密定圧せん断

アドバイス

排水条件によって異なるせん断強さ

自然状態ですでにある強さをもった試料を採取して，室内で表 6.3 の3つの排水条件のもとでせん断すると，排水条件によって図-6.8 のようなクーロンの破壊線が得られる．同じ土でも，強度の発現のしかたが異なるため，安定計算ではどのような排水条件の値を用いるかがきわめて重要となる．

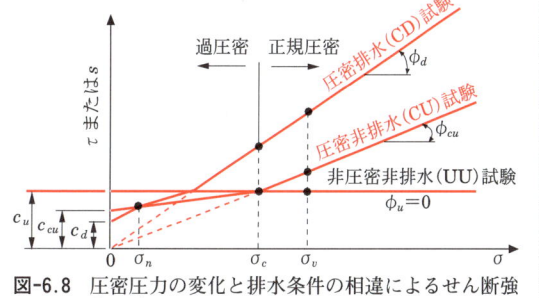

図-6.8 圧密圧力の変化と排水条件の相違によるせん断強さの違い

2.3 一面せん断試験

1.2で説明したものが，まさしく一面せん断試験である．

この試験は，直径6cm，厚さ2cmに成形した供試体を中央面でせん断し，せん断応力を面上に働く垂直応力に対して直接測定して土のせん断強さを調べる．

三軸圧密試験に用いる供試体の1個分で必要な試験ができ，試料が少なくてすむため，採取する粘土層が薄い場合などにはこの試験によらざるをえない．

従来型の一面せん断試験は図-6.9に示す構成になっている．3種類の排水条件が適用できる改良型試験機は，図-6.10のように，垂直力を下面から載荷する方式をとることが多い．

図-6.9 従来型の一面せん断試験

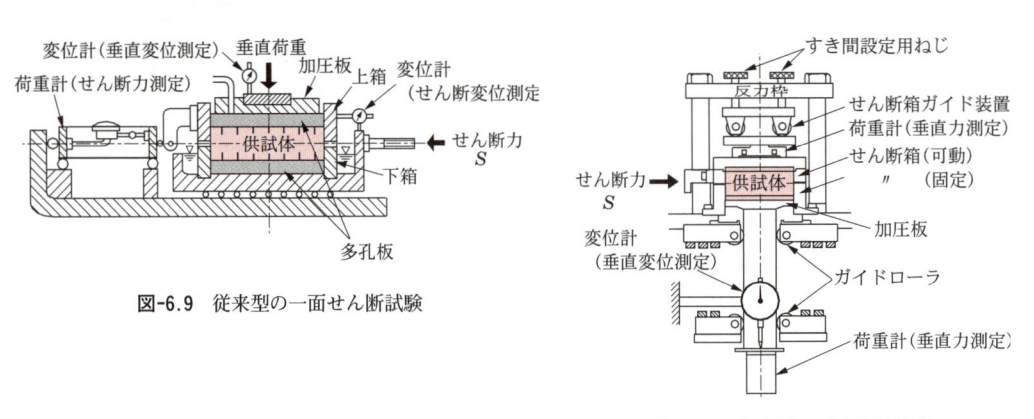

図-6.10 改良型一面せん断試験

地すべり粘土は薄いことが多く，これらの試験が有効！

改良型一面せん断試験機で粘性土の圧密非排水（圧密定体積）せん断を行うと，図-6.11のような結果が得られるので，必要な強度定数を読み取る．

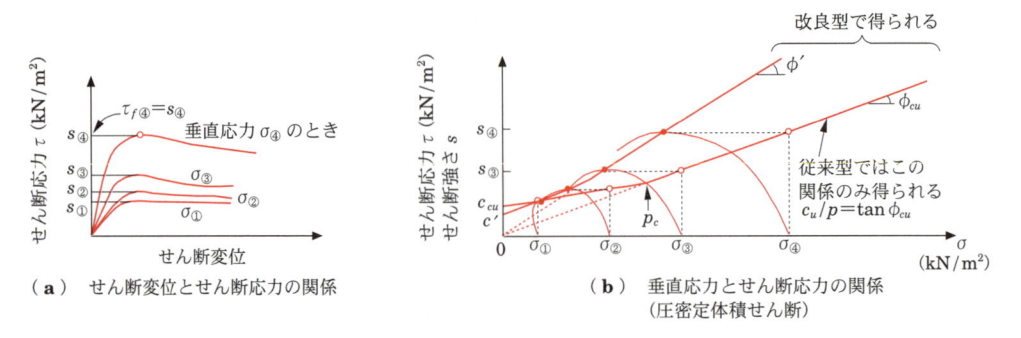

（a）せん断変位とせん断応力の関係

（b）垂直応力とせん断応力の関係（圧密定体積せん断）

図-6.11 一面せん断試験結果の整理（圧密非排水－圧密定体積）

2. 土のせん断試験と強度定数の決定

〔一面せん断試験〕(JGS 0560, 0561)

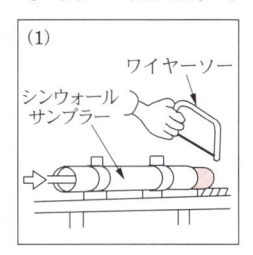

(1) サンプラーで採取した乱さない土試料を，試料抜取機で所定の長さ押し出し，ワイヤーソーで切り取り，供試体として用いる．

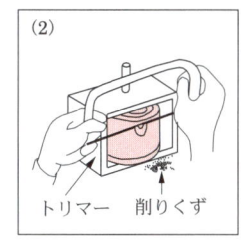

(2) トリマーとワイヤーソーで供試体の直径より2～3mm大きく削り取る．削りくずで含水比を測定する．

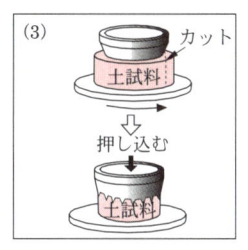

(3) 乱さないようにカッターリングにおさめる（カッターリングの質量はあらかじめ測定しておく）．

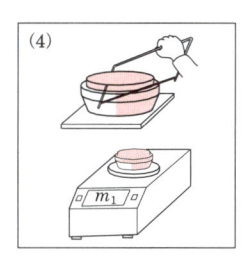

(4) 端部をワイヤーソーで成形した後，（土試料＋カッターリング）の質量を正確に測定する．

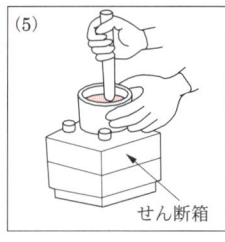

(5) 質量測定後，供試体をせん断箱に押し込む．

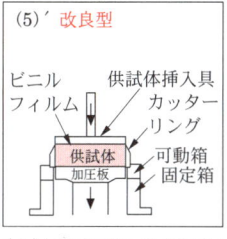

(5)′ 改良型では加圧板をせん断箱上端まで上げておき，加圧板を下におろしながら供試体をせん断箱におさめる．

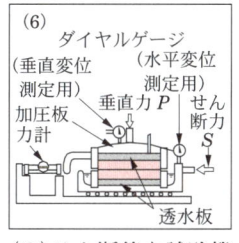

(6) せん断箱を試験機にセットした後，加圧板，載荷枠，垂直変位測定用ダイヤルゲージをセットする．改良型も作業は同じ．

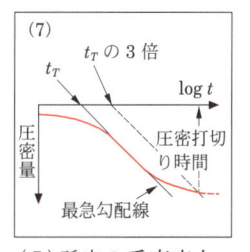

(7) 所定の垂直応力 σ を加え，供試体を圧密させる（粘土の場合，安定計算の目的によって圧密させないですぐせん断する場合もある）．

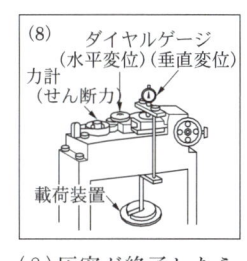

(8) 圧密が終了したら上下せん断箱の間隔を調節し，水平変位測定用ダイヤルゲージをセットし，所定のせん断速度でせん断していく．

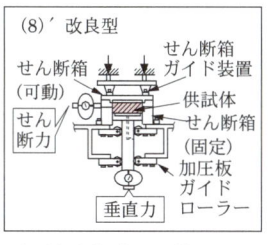

(8)′ 定体積せん断では垂直変位の生じないように垂直力を測定しながら，所定のせん断速度でせん断していく．

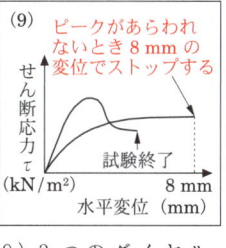

(9) 3つのダイヤルゲージを適当な間隔で読み取り記録する．せん断応力がピークを越えた後一定値に落ち着くか，水平変位が8mmに達したら，せん断力と垂直力を0に戻す．

(10) ダイヤルゲージ，加圧板などを取りはずし，供試体を取り出し，せん断面の観察を行った後，その乾燥質量(m_s)を測る．

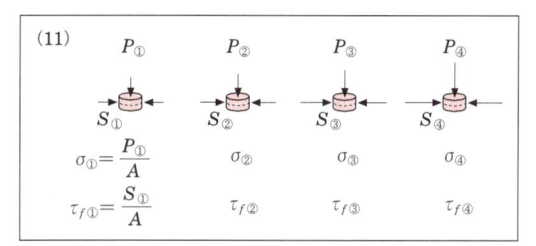

(注) ＊せん断速度としては
従来型：1～2mm/min が用いられる．粘土では1mm/min を用いることが多い．
改良型：粘土の定体積せん断では0.1mm/min が用いられる．定圧せん断では0.02mm/min が用いられる．

(11) $\sigma_① = \dfrac{P_①}{A}$, $\tau_{f①} = \dfrac{S_①}{A}$, $\sigma_②$, $\tau_{f②}$, $\sigma_③$, $\tau_{f③}$, $\sigma_④$, $\tau_{f④}$

(11) 供試体3つ以上について，異なる垂直応力のもとでそれぞれ同様の試験を行う．

2.4 三軸圧縮試験

　三軸圧縮試験は，成形した円柱形供試体に所定の側圧をかけた状態で軸方向に圧縮していき，土の圧縮強さを求めるものである．この試験は供試体を地中で受けていた応力状態に近づけようとして行われるもので，予想される地盤破壊に対応して供試体内の水の出入りを厳密に制御できるため，広く用いられている．

　試験に用いる排水条件の制御は，表-6.3に示す手順で行う．一般的な三軸圧縮試験機の構成例は図-6.12のようである．

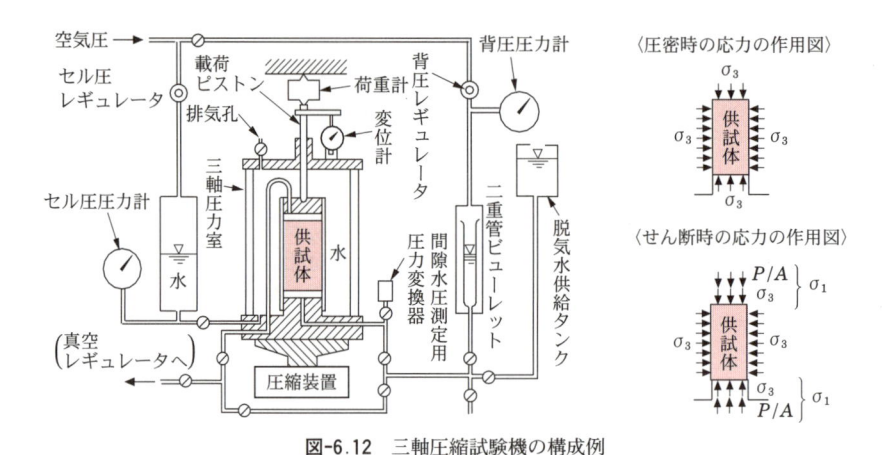

図-6.12　三軸圧縮試験機の構成例

アドバイス

地盤工学会で基準化されている三軸圧縮試験方法

　この本で説明する三軸圧縮試験は，よく用いられる標準的な試験方法である．地盤工学会では，供試体の作成，設置方法(JGS 0520)から，各圧密および排水条件ごとにそれぞれ試験方法を細かく定めている．

　標準的な試験以外にも，土の種類や目的に応じた地盤工学会基準が定められており，その代表的な試験に次の二つがある．

- ●繰返し非排水三軸試験(JGS 0541)——砂質土が繰返し応力を非排水条件で受けたときの強度特性を求めるために行う．飽和した砂質土の液状化に対する強度を推定できる．
- ● K_0 圧密三軸試験(JGS 0525, 0526)——標準的な三軸試験では，最初の圧密時は軸方向にも側方向にも圧密する等方圧密を行っている．地盤での一次元的な圧密(第5章の圧密試験)を再現していないため，側方に変位が生じないように圧密(これを K_0 圧密という)し，その後軸方向の圧縮試験または側方向に圧縮する伸張試験について，その方法を定めている．

(1) 供試体の内部の応力を知る――モールの応力円

三軸圧縮試験では，一面せん断試験のようにせん断面（すべり面）の応力を直接知ることはできず，供試体の外側で作用する応力から，図-6.13に示すように供試体内のすべり面上の応力を推定しなければならない．この応力の計算に用いるのがモール (Mohr) の応力円である．破壊したときの供試体に作用していた応力からモールの応力円を描き，強度定数を求める．

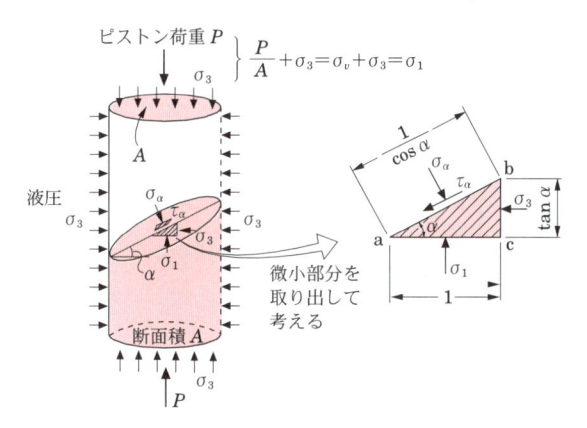

（a） 供試体に作用する力　　（b） 供試体内角度 α の面の微小三角形部分で考えた応力の釣合い

図-6.13 供試体に外から作用する応力と内部の応力

この試験では，供試体の外から σ_1，σ_3 の応力が作用するとき，供試体内の角度 α の面を考えると，面には垂直応力 σ_α，せん断応力 τ_α が作用している．σ_α，τ_α は，図-6.13の供試体内に考えた微小三角形に作用する応力の釣合いから

$$\sigma_\alpha = \frac{1}{2}(\sigma_1+\sigma_3) + \frac{1}{2}(\sigma_1-\sigma_3)\cos 2\alpha \tag{6.7}$$

$$\tau_\alpha = \frac{1}{2}(\sigma_1-\sigma_3)\sin 2\alpha \tag{6.8}$$

となる．式(6.7)の右辺第1項を左辺に移し，両辺を2乗したものと式(6.8)の両辺を2乗したものを足し合わせると

$$\left\{\sigma_\alpha - \frac{1}{2}(\sigma_1+\sigma_3)\right\}^2 + \tau_\alpha^2 = \left\{\frac{1}{2}(\sigma_1-\sigma_3)\right\}^2 \tag{6.9}$$

を得る．式(6.9)は σ_α，τ_α を変数とする円を表す式で，図-6.14のように示される．この円を**モールの応力円**という．

つまり，供試体に作用する σ_1，σ_3 の値を σ 軸上にとり，$\sigma_1-\sigma_3$ を直径とする円を描くと，供試体内の角度 α の面に働いている垂直応力 σ_α，せん断応力 τ_α は σ 軸に対して 2α の角度をとった点の座標で与えられる．

供試体が破壊したときの σ_1，σ_3 から求められるモールの応力円を破壊時の応力円といい，円上の1点は必ず破壊面の応力を示すことになる．

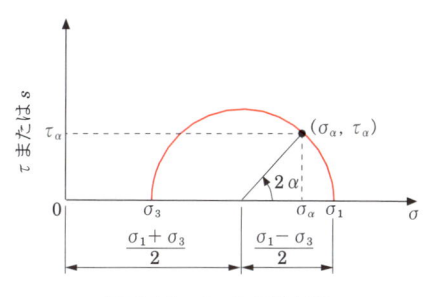

図-6.14 モールの応力円

[三軸圧縮試験] (JGS 0520〜0524)

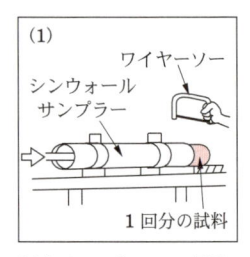

(1) サンプラーで採取した乱さない土試料を，試料抜取機を用いて所定の長さ押し出し，ワイヤーソーで切り取る．

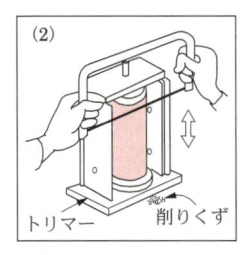

(2) トリマーとワイヤーソーで所定の直径の供試体に成形する(直径は3.5 cmまたは5 cm)．削りくずで含水比を測定する．

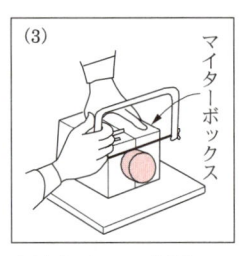

(3) トリマーを用いて成形した供試体をマイターボックスではさみ，端面を成形し，供試体を所定の高さ(一般に直径の2倍)にする．

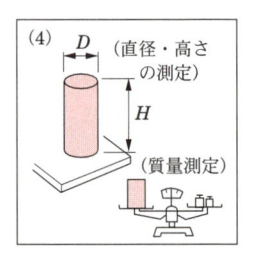

(4) 供試体の高さ，直径(上，中，下の3か所)，質量を測定する．

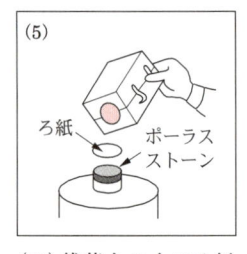

(5) 載荷台の上にろ紙を敷き，その上にマイターボックスを使って供試体を静かにのせる(ポーラスストーンは水で飽和させ，ろ紙は湿らせておく)．

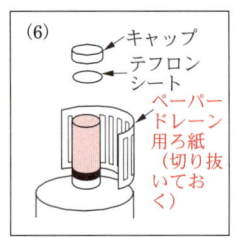

(6) 湿らせたペーパードレーン用のろ紙を供試体にまき，上面にテフロンシートを敷き(端面の摩擦の影響を除くため)，キャップをのせる．

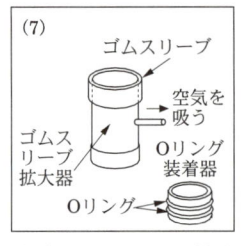

(7) ゴムスリーブ拡大器の内面にゴムスリーブを装着し，枝管を吸いゴムスリーブを密着させる．

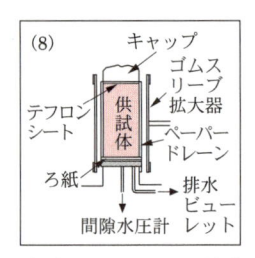

(8) ゴムスリーブ拡大器を供試体に静かにかぶせ，枝管を吸うのをやめると，ゴムスリーブが供試体に密着する．ゴムスリーブの縁をはずし，拡大器を静かに抜く(ゴムスリーブと供試体の間に空気が入り込まないよう十分に注意する)．

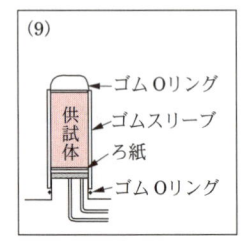

(9) ゴムのOリングで載荷キャップ，載荷台を締めつける．

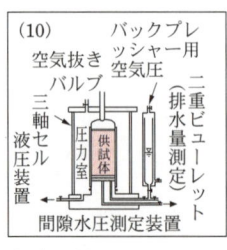

(10) 三軸セルを組み立てる．

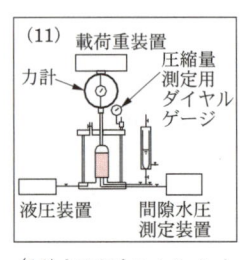

(11) 加圧ピストンおよび圧縮量測定用ダイヤルゲージを取り付ける．間隙水圧計をセットし，セル内に水を満たす．

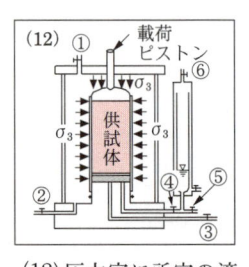

(12) 圧力室に所定の液圧 σ_3 を作用させる[*1]．このとき，供試体内に残っている空気泡を除去し，試料を飽和させるため，(注)*1に示す手順でバックプレッシャーをかける．

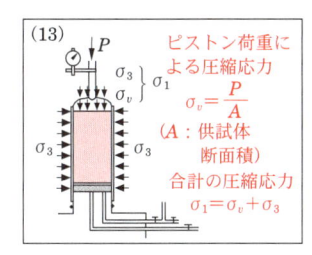

2. 土のせん断試験と強度定数の決定

(13) 力計，圧縮量測定用ダイヤルゲージ，間隙水圧計の最初の読みを取り，圧縮を始める*2．適当な圧縮量ごとに力計と間隙水圧計を読む*3．

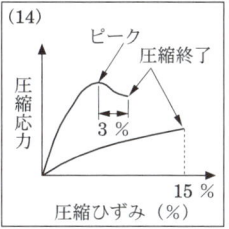

(14) 力計の読みが最大となってから，引き続き圧縮し，ひずみが3%を超えるか，圧縮ひずみが15%に達したら，圧縮を終了する．

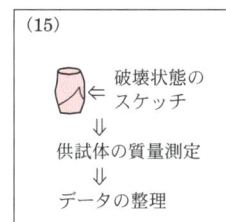

(15) 圧縮が終われば三軸セルをはずし，破壊状態をスケッチする．供試体の質量を測定した後炉乾燥し，乾燥質量を測る．

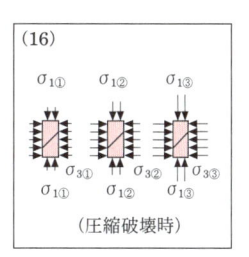

(16) 同一の土試料について，供試体を3～5個準備し，液圧を変えて同様の試験を行う．

(注) *1 σ_3を作用させた後，供試体を圧密させずただちにピストンによる圧縮に進む場合（非圧密非排水）と，σ_3によって供試体を圧密させてからピストンによる圧縮に進む場合がある．
　　　せん断中の間隙水圧を測定する場合，供試体内に気泡が残っていたら正確に測定できない．供試体を飽和度100%にするため，一般に供試体内にあらかじめバックプレッシャー（背圧）をかける方法を用いる．バックプレッシャーは50～200 kN/m²の範囲の圧力を使用するが，100 kN/m²の圧力を用いることが多い．
　　　なお，バックプレッシャーをかける手順は次のとおりである．
　　　まず，④のバルブを閉じておき，②のバルブを開け，液圧100 kN/m²を作用させる．⑥のバルブを開け空気圧を100 kN/m²かけ，④のバルブを開けると供試体内に100 kN/m²のバックプレッシャーがかかる．次に④のバルブを閉じ，液圧としてさらにσ_3をかける（液圧は合計$(100+\sigma_3)$kN/m²である）④のバルブを開けると差引き液圧σ_3による圧密が始まる．

*2 ピストン荷重によって圧縮するとき，④のバルブを開き，供試体内に間隙水圧が発生しないように圧縮する場合を排水せん断，④のバルブを閉じたままで圧縮する場合を非排水せん断という．この場合は，③のバルブを開いて間隙水圧Δuを測定する（バックプレッシャーが100 kN/m²であれば間隙水圧は$(100+\Delta u)$である）．

*3 供試体の排水方向を一定に保つためと，間隙水圧の測定精度の面から載荷台の中央で間隙水圧を測定し，排水は側方にのみ分離する右図のような載荷台が使われることもある．

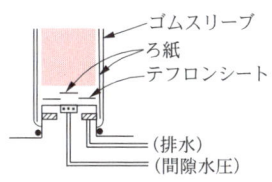

アドバイス

空気圧を介して液圧をかけるときの注意

三軸室で液圧σ_3をかけるときは，空気圧を介する方法を用いる．排水せん断試験は，ひずみ速度が遅く，試験に数日かかる．時間が長いと空気が水に溶け，ゴム膜を通って供試体に空気が溶け込み，飽和状態が保てなくなることがある．圧縮に時間がかかる場合，液圧用の液体には空気が溶けないシリコンオイルを使うなどの工夫が必要である．

この試験は，供試体の成形から三軸圧力室へのセッティングに，テクニックを要する．作業の途中で土を乱さないよう細心の注意が必要！

（2） 破壊時のモールの応力円

σ_3 が一定の状態で載荷ピストンを通じて荷重を加え，供試体が破壊するまで鉛直軸方向に圧縮する．図-6.15 に示すように破壊時のピストン荷重を P_f，供試体断面積を A とすると，供試体に加わる最大の鉛直応力 σ_1 は

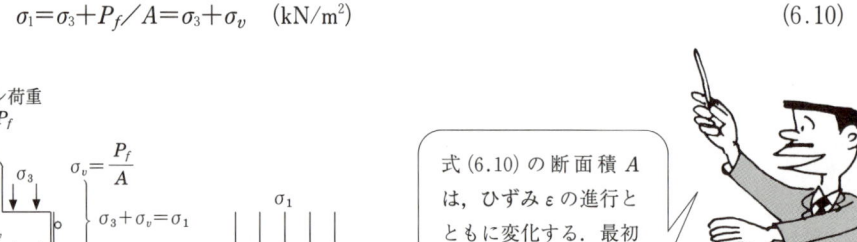

$$\sigma_1 = \sigma_3 + P_f / A = \sigma_3 + \sigma_v \quad (\mathrm{kN/m^2}) \tag{6.10}$$

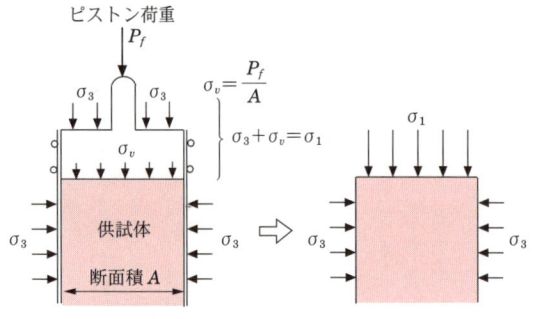

図-6.15 鉛直主応力 σ_1 の説明

式 (6.10) の断面積 A は，ひずみ ε の進行とともに変化する．最初の断面積を A_0 とすると，A は $A = A_0 / (1-(\varepsilon/100))$ で求める．

となり，ピストンによる圧縮応力 σ_v は

$$\sigma_v = \sigma_1 - \sigma_3 \quad (\mathrm{kN/m^2}) \tag{6.11}$$

で表され，主応力差を意味している．破壊時に測定される過剰間隙水圧を u_f とすると，u_f は等方に働くので，主応力を有効応力の関係で表すと次式になる．

$$\sigma_1' = \sigma_1 - u_f \quad (\mathrm{kN/m^2})$$
$$\sigma_3' = \sigma_3 - u_f \quad (\mathrm{kN/m^2}) \tag{6.12}$$

このときのモールの応力円の例は図-6.16 のようになる．

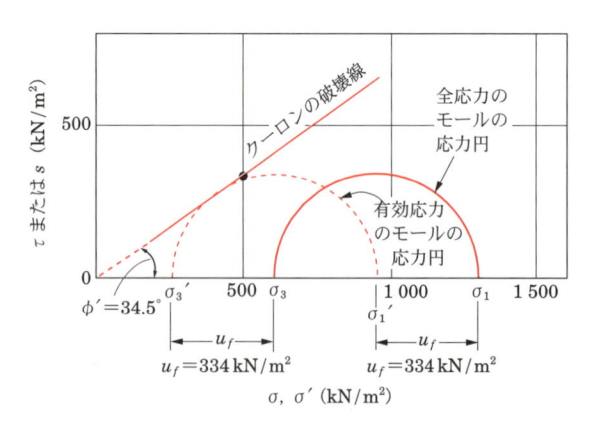

図-6.16 全応力のモールの応力円と有効応力のモールの応力円の例

（3） 強度定数の決定

三軸圧縮試験結果から強度定数 c, ϕ を求める方法には，図-6.17 のような 3 つの方法がある．

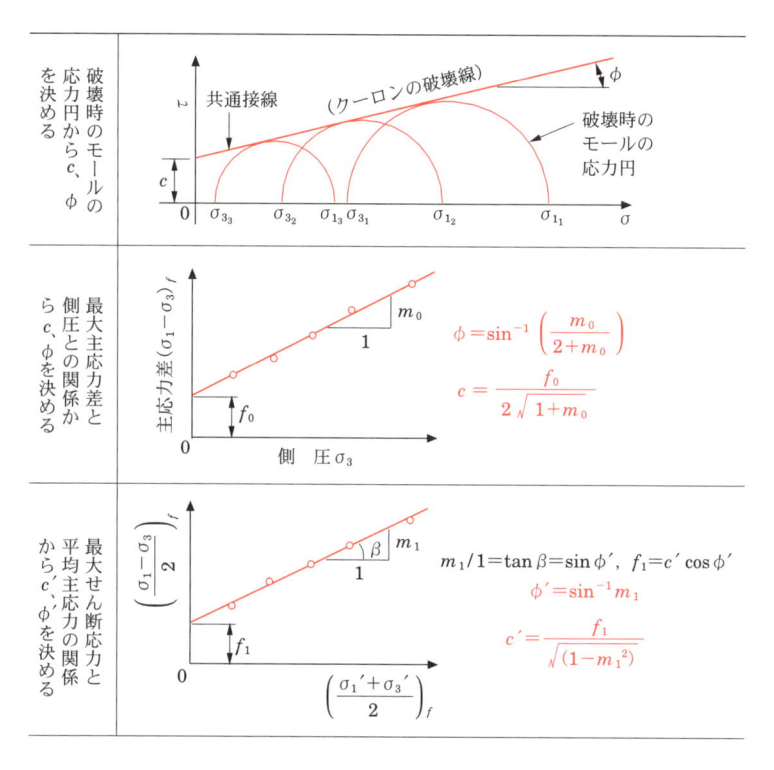

図-6.17 三軸圧縮試験結果から強度定数を決める方法

（4） 土が破壊に至るまでの過程──応力経路

三軸圧縮試験において，σ_3 が等方に作用する状態から，ピストンにより荷重 σ_v（このとき $\sigma_1 = \sigma_v + \sigma_3$）を増加させていったとき，モールの応力円の変化は図-6.18（a）のようになる．このように，応力状態の変化をモールの応力円で描いていくと複雑になる．モールの応力円は，円の中心の応力（平均主応力）と半径（せん断応力）で代表させることができる．つまり，せん断していく過程を

$$\text{平均主応力（モールの応力円の中心）} \quad p = \frac{\sigma_1 + \sigma_3}{2} \quad (\text{kN/m}^2) \tag{6.13}$$

$$\text{最大せん断応力（モールの応力円の半径）} \quad q = \frac{\sigma_1 - \sigma_3}{2} \quad (\text{kN/m}^2) \tag{6.14}$$

で表し，q を縦軸に，p を横軸にとった座標面（この面を応力平面という）に描いていくと，図 6.18（b）のようにせん断過程における応力のたどる経路を示すことができる．このように供試体を圧縮破壊していったとき，内部の応力がたどる経路を**応力経路**という．

正規圧密された飽和粘土を非排水条件のもとでせん断していったとき，たどる経路を模式的に示すと図-6.19のようになる．

(a) モールの応力円で表した場合

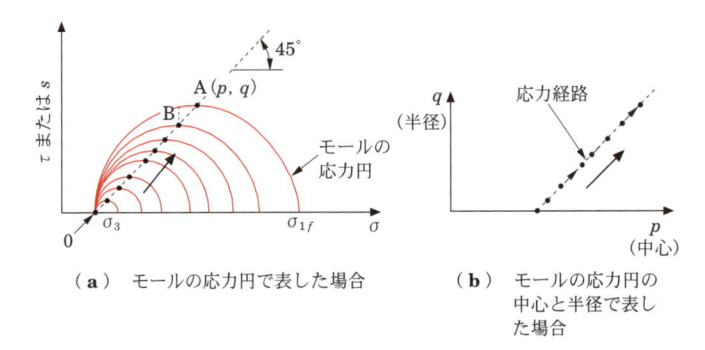

(b) モールの応力円の中心と半径で表した場合

図-6.18 土を圧縮していったときの応力が変化していくようす

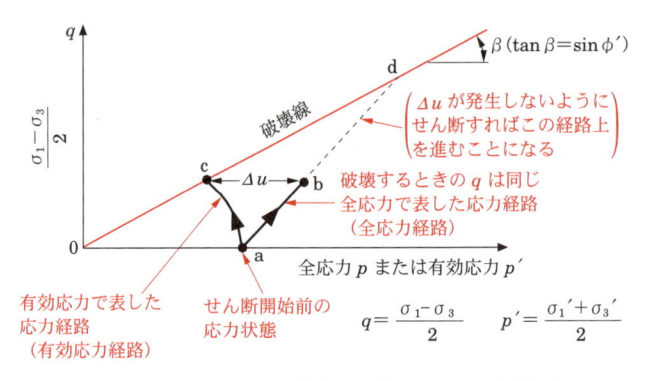

図-6.19 正規圧密粘土を非排水せん断したときの応力経路

2.5 一軸圧縮試験

　この試験は粘性土のせん断強さを求めるときに用いられる．適用できるのは，円柱形に成形して自立できる硬さをもった粘性土である．

　円柱形の供試体を側方拘束のない（三軸圧縮試験で $\sigma_3 = 0$ に対応）状態で圧縮し，最大の圧縮強さ，すなわち一軸圧縮強さ q_u から，粘土の強度定数を求める．この試験は，飽和粘土では供試体内の間隙水が自由に出られない速さでせん断することになるので，非排水条件でのせん断（UU試験）になっている．つまり，$\phi_u = 0$ となり，一軸圧縮強さ q_u の半分で非排水せん断強さ c_u を求める．

飽和粘土のせん断強さ　　$s = c_u = \dfrac{q_u}{2}$　（kN/m²）　　　　　　　　　　　(6.15)

　現場の設計で用いる粘土の粘着力はこの c_u で，粘土が自然状態でもつ強さを反映している．

〔一軸圧縮試験〕 (JIS A 1216)

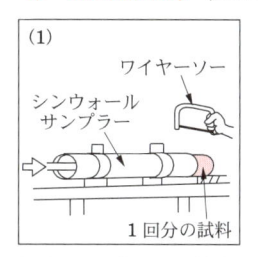

(1) サンプラーで採取した乱さない土試料を，試料抜取機を用いて所定の長さ押し出し，ワイヤーソーで切り取る．

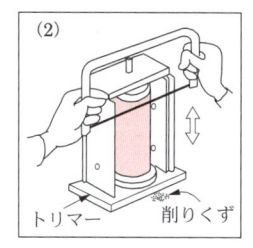

(2) トリマーとワイヤーソーで所定の直径の供試体に成形する（直径は3.5 cmまたは5 cm）．削りくずで含水比を測定する．

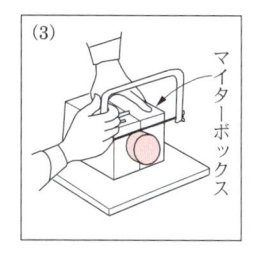

(3) トリマーを用いて成形した供試体をマイターボックスではさみ，端面を成形し，供試体を所定の高さ（一般に直径の2倍）にする．

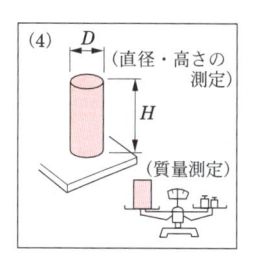

(4) 供試体の高さ，直径（上，中，下3か所），質量を測定する．

切り取った残りは練り返した土試料の試験に用いるため，湿潤箱に保存する．

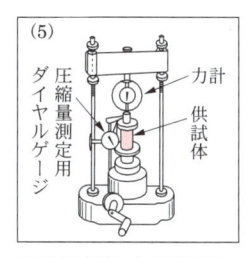

(5) 供試体を試験機の圧縮板の中央に置き上部圧縮板を供試体に密着させる．圧縮量測定用ダイヤルゲージを取り付け，力計も合わせてゼロ点の調整をを行う．供試体を圧縮し，一定の圧縮量ごとの力計の読みを取る[*1]．

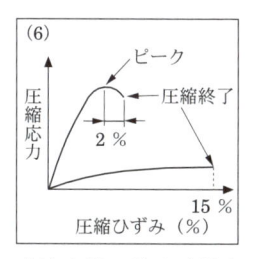

(6) 力計の読みが最大となれば，引き続き圧縮ひずみが2％を超えるか，圧縮ひずみが15％に達したら圧縮を終了する．

(7) 圧縮が終わったら，供試体の破壊状態をスケッチし，クラック（破壊面）の軸方向と直交する面となす角を測る．鋭敏比を求めるには，同じ土試料を練り返した場合についても圧縮試験を行う[*2]．

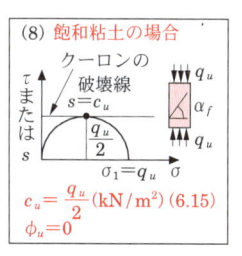

必要な場合，練り返した試料の圧縮試験を行う．

(8) 求められた最大の圧縮応力を一軸圧縮強さ（q_u）という．飽和粘土の場合，クーロンの破壊線は水平となる[*3]．

$$c_u = \frac{q_u}{2} \text{(kN/m}^2\text{)} \quad (6.15)$$
$$\phi_u = 0$$

（注）
* [*1] この場合の圧縮速度は，供試体の高さに対して毎分1％の圧縮ひずみが生じる速さを標準としている．
* [*2] 練り返した土試料の圧縮試験は
  [(2)，(3)で残った土試料と，乱さない土試料の一軸圧縮試験を終わった供試体をビニル袋に入れよく練り合わせる] → [マイターボックスを組み立て，その内面にセルロイド板を巻いた後，その中に練り返した試料を詰める] → [端面を成形し，マイターボックスに入れたまま質量を測定する] → [マイターボックスに入れたまま供試体を試験機の圧縮板の中央におき，マイターボックス，セルロイド板をはがす] の手順で供試体をセットし，(5)からの手順で同様に圧縮試験を行う．
* [*3] 飽和粘土の場合，$c_u = q_u/2$となる．$\phi_u = 0$になることはp.123で詳しく説明する．

3. 土の種類とせん断強さ

　土の強さの発揮のしかたは土により異なる．現場で対象とするのがどのような土なのかを知って，適切な設計や対応をしなければならない．

　従来，土を対象とする安定計算では，土を砂と粘土に区分して対処してきた．これは多くの設計基準がそのような区分を行っているためで，現実にはどちらでもない中間土が存在する．

　ここでは，中間土を含め設計上，土をどのように区分すればよいかを説明し，砂と粘土に分けてそれぞれのせん断強さの特徴から安定計算の考え方まで，設計実務を考慮しつつ基礎的な内容を解説する．

3.1　土の強さ——粘土，砂，中間土

　土の強さは，砂と粘土に分けて考える．本書でも従来どおりに扱うが，実は土には砂でも粘土でもない中間土が存在する．粘土，砂，中間土をどのように区分すべきか，データを整理してまとめると表-6.4のようになる．

表-6.4　粘土，砂，中間土の判断基準 [17]

	砂分(%)	塑性指数 I_p	透水係数 k(cm/s)	圧密係数 c_v(cm²/min)
粘　土	60 以下	20 以上	10^{-7} 以下	10^{-1} 以下 (144 cm²/日以下)
中間土	60〜80	NP〜20	10^{-7}〜10^{-4}	10^{-1}〜10^{1}
砂	80 以上	NP	10^{-4} 以上	10^{1} 以上 (14 400 cm²/日以上)

　これに対し，静的なせん断を考えると，塑性指数 I_p が 20 以上の粘性土は粘土として扱えるが，図-6.20 に示すように I_p が 20 以下では，I_p の減少に伴って粘土から砂の挙動に変化する．しかし，細粒分が 30% にもなると細粒分が粗粒分を包み込み，せん断において粘性土的性質を示すため，中間土領域の土も含め砂分が 60〜80% 以下の土については，排水速度と施工速度を考え安全側をみて，粘土と同様の設計手法が用いられる場合が多い．

　港湾の基準では，砂含有量が 60〜80%のいわゆる中間土領域については不明な点が多いが，粘土領域として扱っている．

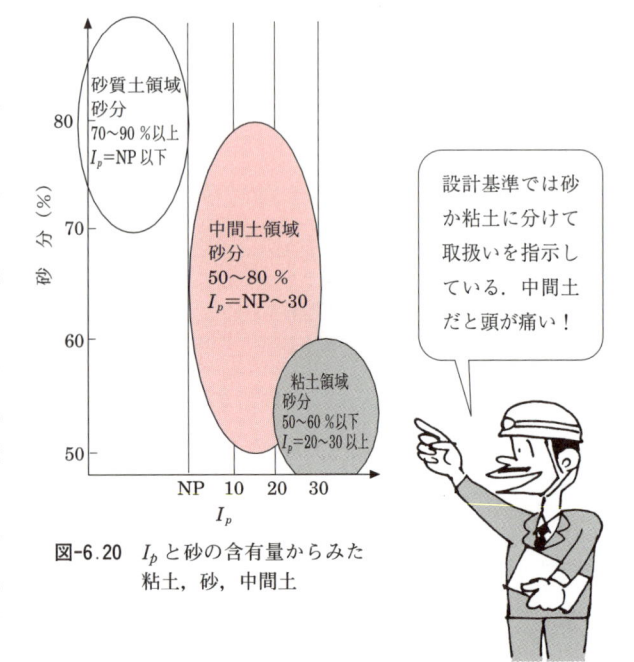

図-6.20　I_p と砂の含有量からみた粘土，砂，中間土

砂質土領域
砂分 70〜90 %以上
I_p=NP 以下

中間土領域
砂分 50〜80 %
I_p=NP〜30

粘土領域
砂分 50〜60 %以下
I_p=20〜30 以上

設計基準では砂か粘土に分けて取扱いを指示している．中間土だと頭が痛い！

> **アドバイス**
>
> **圧密を考えるときはこの区分は不要**
>
> 圧密に関しては，圧縮指数 C_c は塑性指数 I_p と直線関係があり，I_p の増加に伴って大きくなり，二次圧密係数 C_α もほぼ同様の傾向を示す．そのため，粘性土から砂質土に急変する境界がないので，表-6.4 の中間土とされる土においても粘性土の延長とした設計が可能である．
>
> つまり，圧密を考えるときは，粘土，中間土，砂を気にする必要はない．ただし，圧密現象が問題になるのは，I_p 25 以上，砂分 50%以下の土である．砂分が 80%以上あれば非圧密層と考えてよい．

3.2 砂のせん断強さ

（1） 砂が発揮する ϕ_d

砂は透水係数が大きいので，通常のせん断試験では圧密排水せん断となり，クーロンの破壊線は

$$s = \sigma' \tan \phi_d \quad (\text{kN/m}^2) \tag{6.16}$$

となる．ϕ_d の値は，図-6.21 に示すように密な砂ほど大きい．

ϕ_d は，粒子固体間の摩擦のほかにかみ合い（インターロッキングという）とダイレイタンシーによる摩擦成分を含む．このことは，2 つの成分の和として次式で表すことができる．

$$\phi_d = \phi_r + \Delta\phi_d \tag{6.17}$$

ここに，ϕ_r：粒子固体間の摩擦，粒子間のかみ合いによる成分，$\Delta\phi_d$：ダイレイタンシーによる影響成分

ϕ_r は，体積変化のない状態で粒子集合体がせん断されるときのせん断抵抗角を意味し，図-6.22 に示すように，乾燥した砂をごくゆるい状態に盛り上げたときの砂山の斜面角（**安息角**という）に近い値をとる．

$\Delta\phi_d$ は，密な砂で，せん断時ダイレイタンシーの大きな砂の場合に大きくなる．砂が密かどうかは相対密度 D_r (p.21 参照) で評価される．

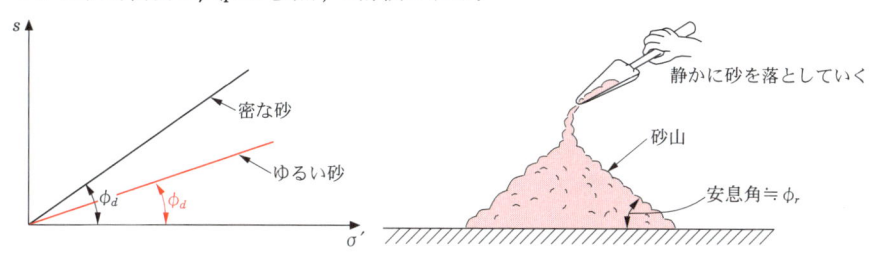

図-6.21 砂のクーロンの破壊線　　**図-6.22** 砂の安息角

> ϕ_r は粒子表面の粗さ，粒子の形状，粒度などに支配される．

（2） 実用的な砂の ϕ の推定

現地で砂を乱さずに採取するのは困難で，よほどのことがない限り，設計に用いる砂の ϕ を室内試験で求めることはない．現地の砂の ϕ は，いまのところ標準貫入試験による N 値から推定している．

図-6.23 は，地盤の掘削前に測定した N 値と掘削後に測定した N 値を示したものである．つまり，掘削により土かぶり圧という拘束圧がなくなることで N 値が低下し，拘束圧が N 値を支配していることがわかる．

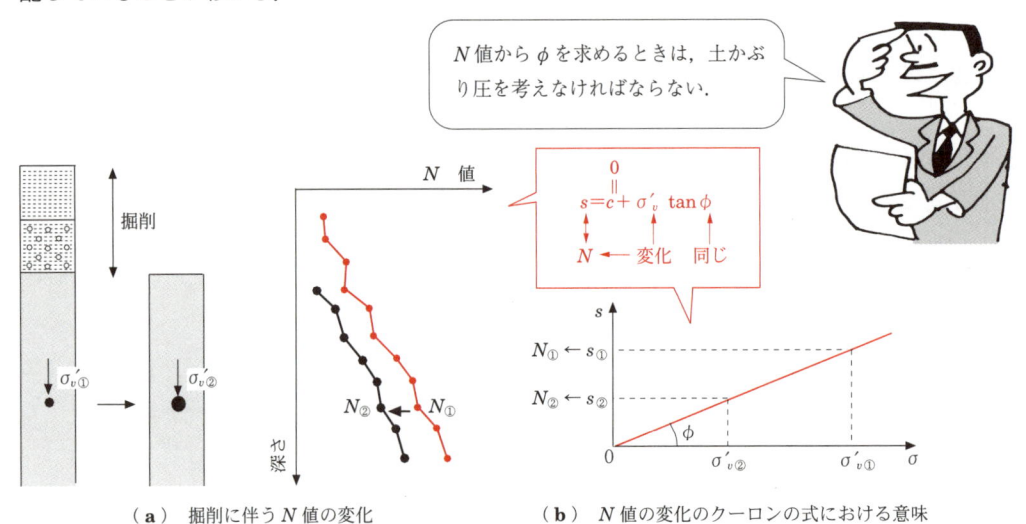

（a） 掘削に伴う N 値の変化　　　　（b） N 値の変化のクーロンの式における意味

図-6.23 掘削前後の N 値の比較と N 値から求める ϕ の意味

図-6.23 でわかるように，この場合の掘削による N 値の変化は同じ砂に対しての変化であり，ϕ は同じで拘束圧（土かぶり圧）σ の減少によるせん断強さ s の変化を反映して N 値が変化したことを意味している．つまり，N 値から ϕ を推定するとき，N 値が得られた深さにおける土かぶり圧 σ を考えなければ適切な ϕ を求められないことがわかる．

日本の設計基準では，表-6.5 のように土かぶり圧 σ_v を考慮して，N 値から ϕ を推定する関係式を示している．

表-6.5 各設計基準が推奨する N 値からの砂の ϕ 推定式

基礎設計基準	砂の ϕ の推定式(度)	適用条件	旧基準推定式
道路 （道路橋示方書-下部構造編，2002 年）	$\phi = 4.8 \log\left(\dfrac{170N}{\sigma_v' + 70}\right) + 21$	$N > 5$	$\phi = \sqrt{15N} + 15$
鉄道 （鉄道構造物設計標準 基礎構造物，1997 年）	$\phi = 1.85\left(\dfrac{N}{\sigma_v'/100 + 0.7}\right)^{0.6} + 26$	$\sigma_v' \geqq 0.5\,\mathrm{kN/m^2}$	
港湾 （港湾の施設の技術上の基準，1999 年）	$\phi = 25 + 3.2\left(\dfrac{100N}{\sigma_v' + 70}\right)^{0.5}$		
建築 （建築基礎構造設計指針，2001 年）	$\phi = 4.47\left(\dfrac{N}{\sigma_v'/98}\right)^{0.5} + 20$	$\phi_d \leqq 40°$	$\phi = \sqrt{20N} + 15$

（注）　σ_v'：N 値を測定した深さでの土かぶり圧 $(\mathrm{kN/m^2})$

（3） 砂の液状化

地下水で飽和しているゆるい砂地盤は，地震時のように短時間の動的な力によって，間隙水が移動できないような急激なせん断を受け，非排水の条件と同じようになり，過剰間隙水圧が発生する．水圧の発生で粒子間の有効応力がきかなくなり，せん断抵抗がなくなって，その部分の砂層はあたかも液体のように流動する．これを**砂の液状化**という．図-6.24に地震による液状化のようすを示した．

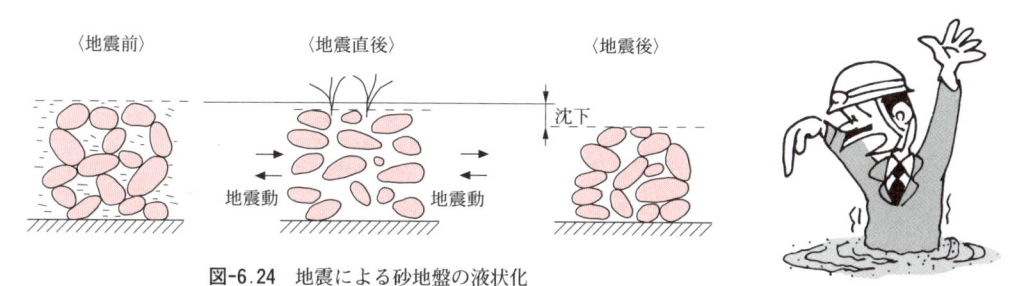

図-6.24 地震による砂地盤の液状化

地盤に液状化が発生すると，構造物が傾いたり沈下するので，そのおそれのある場合は適切な防止対策をとっておく．液状化を生じるかどうかの判定には N 値を使った方法を用いることが多く，簡単な判定法として限界 N 値法と FL 法がある．

●限界 N 値法

定められた手順で液状化するかしないかの境界の N 値を限界 N 値として定め，原位置で測定した N 値を限界 N 値と比較し，これより小さく，かつ地下水以下にあり，液状化しやすい粒度組成であれば液状化する可能性があると判断する方法で，港湾構造物地盤の液状化の判定に利用される．

● FL 法

砂層の液状化に対する強さを R とし，液状化を起こそうとする力を L とすると，これらの比

$$FL = \frac{R}{L} \tag{6.18}$$

を求める．FL が1以下であれば液状化の可能性があり，FL が1を超えれば液状化しないと判断する．R は液状化強度比で与えられ，地盤のある深さの N 値や粒度などからその深さの R を求める．また，L は土に地震時に加わる繰返しせん断応力比で与えられ，地表面の最大加速度（水平震度に換算）などから推定する．これは，道路橋の基礎地盤や建築基礎地盤の判定に利用される．

アドバイス

液状化が発生する条件──液状化対策工法の要点

砂の液状化は，次の3条件がそろったときに起こる．
① ゆるい砂であること（N 値が20程度以下）
② 地下水で飽和していること（地下水が浅い）
③ ある強さ以上の地震動が作用すること（過去の発生例では震度5以上）

液状化対策工法では，上記いずれかの条件を排除する対策がとられる．①に対しては，砂層を締め固めるか，セメントを用いて固める．②に対しては排水して地下水を下げるか，発生した過剰間隙水圧をすぐ消散させる対策がとられる．

3.3 粘土のせん断強さ

(1) 排水条件により発揮される強さは異なる

地盤中で p_0 の圧力で先行圧密を受けていた粘土を，室内において圧密圧力を変化させ，3つの排水条件でせん断すると，図-6.8のようにまったく異なったせん断強さの関係を示す．図-6.8は一面せん断試験を考えた場合であるが，図-6.25は三軸圧縮試験の応力経路を用いて排水条件によってたどる経路を示したものである．

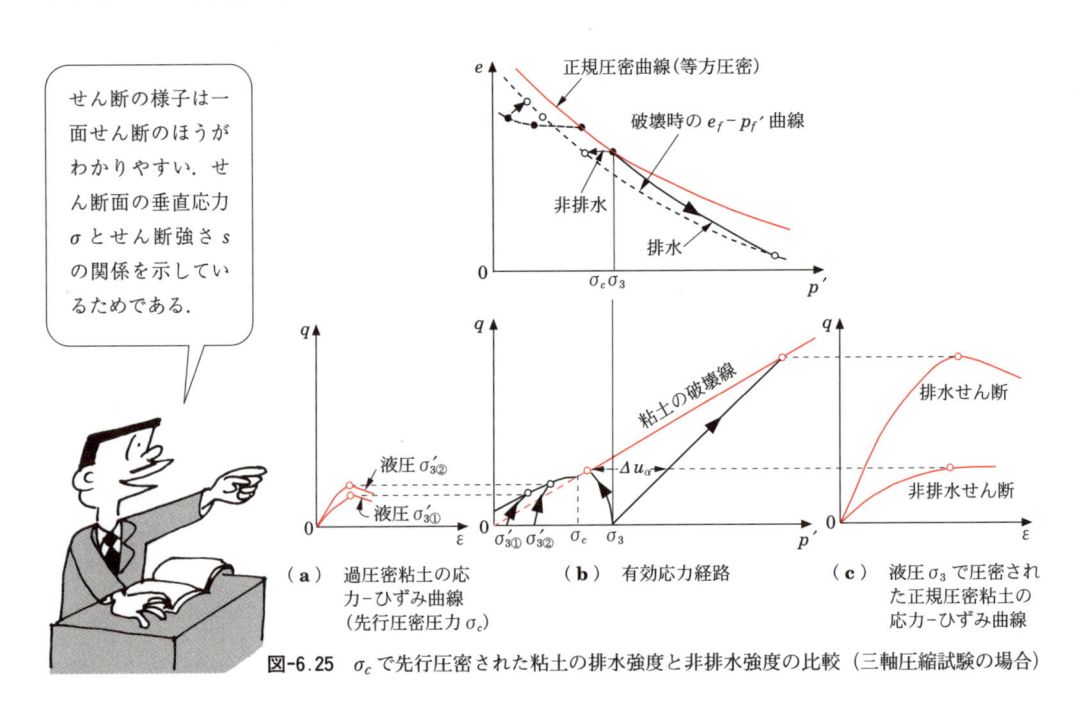

> せん断の様子は一面せん断のほうがわかりやすい．せん断面の垂直応力 σ とせん断強さ s の関係を示しているためである．

(a) 過圧密粘土の応力-ひずみ曲線（先行圧密圧力 σ_c）

(b) 有効応力経路

(c) 液圧 σ_3 で圧密された正規圧密粘土の応力-ひずみ曲線

図-6.25 σ_c で先行圧密された粘土の排水強度と非排水強度の比較（三軸圧縮試験の場合）

いずれの場合も，先行圧密圧力のもとで示す非排水強さ c_u が，現場の粘土の強さを表す．

(2) 現場で使う粘着力 c_u の意味

いま，図-6.7（c）の②の強度をもつ正規圧密粘土を考えてみよう．この粘土に図(a)の②の鉛直応力に対応する応力 σ_c よりも大きな側圧 $(\sigma_c + \Delta\sigma_3)$ をかけ，非圧密非排水の条件でせん断すれば，増やした側圧 $\Delta\sigma_3$ はそのまま間隙水圧となり，図-6.26に示すように，発揮するせん断強さに変化はない．つまり，いくら側圧を変化させても，新たに加えた応力は過剰間隙水圧で受け持たれ，破壊時の有効応力のモールの応力円は同じであることがわかる．しかも，粘土が発揮する強さは，粘土が圧密されない限り変化しない．

3. 土の種類とせん断強さ

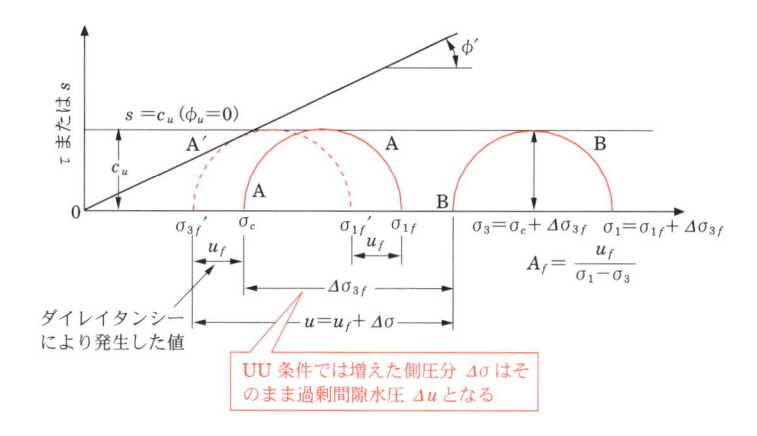

図-6.26 正規圧密粘土の非排水せん断強さ

図-6.26 に示すクーロンの破壊線は水平となり，$s=c_u(\phi_u=0)$ と表される．c_u は**非排水強さ**と呼ばれ，ある粘土が地盤において現在の土かぶりのもとでもっているせん断強さを表している．

> **アドバイス**
> **現場で使う「粘着力」は式(6.3)の粘着力ではない**
> 現場でこの土の粘着力はいくらというときの「粘着力」は，式(6.3)の右辺の c ではなく，左辺の s が非排水強さ c_u ($\phi_u = 0$) であることを意味する．$s=c_u$ は，その土が現地で有する現有せん断強さを単に「粘着力」と表現しているものである．$\phi_u=0$ は，物理的に摩擦抵抗はゼロでなく，外からの圧力増加に対してせん断強さが変わらない現有のせん断強さ c_u のままであることを意味する．

(3) 圧密によって c_u は増加する

粘土は圧密が進むと強度を増す．圧密による強度の増加の割合は c_u/p で表され，この値は粘土を圧密非排水条件下でせん断試験を行って求める．

● **一面せん断試験による場合**

各圧密圧力で圧密後，定体積せん断をして得られた ϕ_{cu} から，図-6.27 のように式(6.19)で直接与えられる．

$$c_u/p = \tan\phi_{cu} \tag{6.19}$$

● **三軸圧縮試験による場合**

圧密非排水（CU）試験から求めた全応力によるモールの応力円のそれぞれの直径の三等分点のせん断応力を，図-6.28 に示すように，側圧 σ_3 の上に移動して得られる点を連ねた直線の角度 θ を用いて式(6.20)で決めている．

$$c_u/p = \tan\theta \tag{6.20}$$

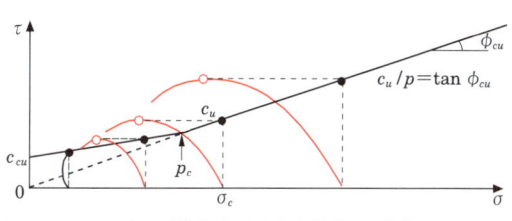

図-6.27 一面せん断試験（圧密定体積せん断）による c_u/p の決定

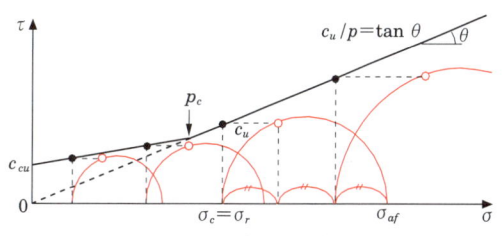

図-6.28 三軸圧縮試験（CU 試験）による c_u/p の決定

（4） 粘土の鋭敏性

自然状態にある粘土は，振動や乱れを与えると構造が壊され，強度が低下する．粘土のもつ構造が壊されて強度が低下する度合を，粘土の鋭敏性という．鋭敏性を表すのが**鋭敏比**である．

鋭敏比は，図-6.29 に示すように，乱さない粘土と，含水比を変えずに練り返した粘土について一軸圧縮試験を行って求められ，次式で表す．

鋭敏比　$S_t = q_u/q_{ur}$ (6.21)

ここに，q_u：乱さない粘土試料の一軸圧縮強さ（kN/m²），q_{ur}：含水比を変えないで練り返した粘土試料の一軸圧縮強さ（kN/m²）

> わが国の沖積粘土の S_t は 10 前後の値が多い．

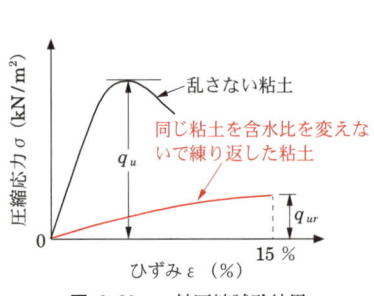

図-6.29 一軸圧縮試験結果

アドバイス

液性指数 I_L と現場の c_u から鋭敏比 S_t を推定

鋭敏比の大きさは，液性指数 I_L と密接な関係にある（図-6.30）．乱さない粘土の c_u と I_L の値から，その図を用いれば S_t を推定できる．$S_t > 4$ で $I_L > 0.4$ の粘土を鋭敏粘土，$S_t > 8$ で $I_L > 1.0$ の粘土を超鋭敏粘土と呼んでいる．

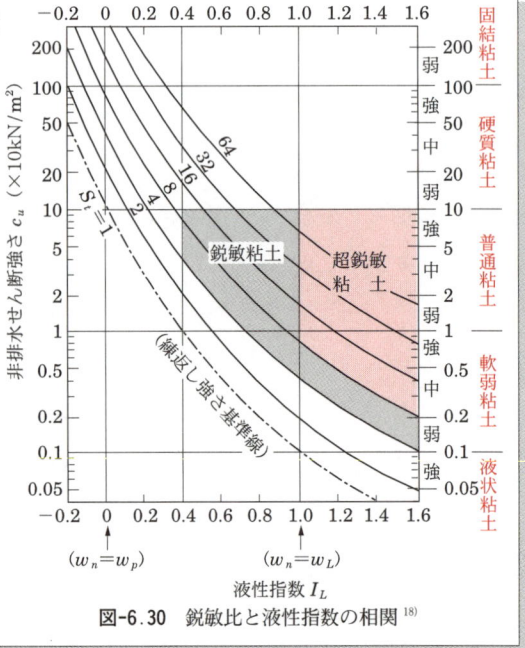

図-6.30 鋭敏比と液性指数の相関 [18]

3.4 安定計算の考え方

(1) 全応力法と有効応力法

室内試験結果を用いて安定解析する方法に，**全応力法**と**有効応力法**がある．

全応力法は，せん断しようとする力が増えても，付加された力がその土の強さを増やす働きをせず，現在の鉛直応力 σ_v'（全応力から静水圧を引いて求めるので有効応力となる）がもつ強さ c_u を用いて安定計算をする方法である．つまり，全応力法はせん断開始前の有効応力 σ_v' の関数として，せん断強度 s_f を用いて安定計算する方法である．このとき用いる強度定数は，UU試験で得られる c_u，ϕ_u である．

これに対し有効応力法は，すべり面の過剰間隙水圧を推定し作用している有効応力の関係で安定計算をする方法である．破壊時に発生する過剰間隙水圧 Δu_f を求め，破壊時の有効応力 $\sigma_f' = \sigma_v' - \Delta u_f$ を求め，そのときの強度 s_f で安定計算する方法である．用いる強度定数は，過剰間隙水圧を測定しながら行う CU 試験で得られる c'，ϕ' である．

$$s_f = c' + \sigma_f' \tan\phi' = c' + (\sigma_v' - \Delta u_f)\tan\phi' \tag{6.22}$$

つまり，有効応力法では破壊時の Δu_f が予測できなければ計算できない．土はダイレイタンシーをもつため，ゆるい砂や正規圧密粘土では Δu_f の発生がかなり大きい．このとき図-6.31 に示すように，本来発生している過剰間隙水圧が Δu_f であるのに，推定したのがそれより小さい Δu_{fE} であれば，s_{fE} を用いて安定計算してしまうことになり，強度を実際より大きく見積もってしまう．

もし，有効応力法で Δu_f を計算に入れなければ $\Delta u = 0$ となり，図-6.31 の F の強度を推定して安定計算することになって，過大な安全率を与えてしまう．有効応力法を用いて解析したとして破壊時の過剰間隙水圧 $\Delta u_f = 0$ の状態で計算している例がしばしば見受けられ，注意が必要である．

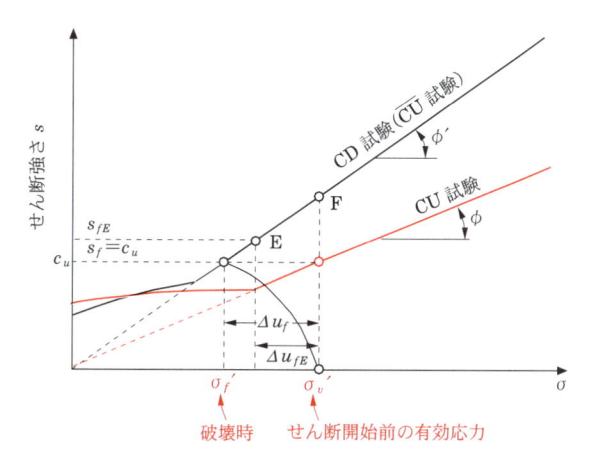

図-6.31 圧密等体積せん断（CU 試験）の全応力と有効応力の関係

（2） 全応力法の現場への適用

有効応力法を斜面等の安定解析に適用する場合，破壊時の過剰間隙水圧 Δu_f を精度よく求める必要があるが，これを設計段階で精度よく推定することは不可能である．何らかの方法で推定しても，常に図-6.31のような問題を含むことになる．過圧密の地盤は別として，有効応力法は理論的に整然としていても，厳密な意味で実際に適用することは難しい．そのため，全応力法が短期安定問題および長期安定問題に適用される．この考えを盛土や切取り工事に適用すると，次のようになる．

a． 正規圧密粘土地盤上に盛土する場合

① 盛土を急激に載荷する場合──図-6.32のB地点の応力はその下の図のようになり，時間が経てば圧密が進行し強度が増加するので，盛土直後が最も危険である．この場合は，載荷前の試料に対するUU試験の結果（c_u）を用いて安定計算する．

② プレロード（あらかじめ盛土などの荷重をかけること）によって圧密強化した後，急激に載荷する場合や，第一盛土を載荷し圧密させてから次の段階の盛土を行う場合──CU試験の結果から強度増加を推定し安定計算する．

b． 正規圧密粘土を切土したり掘削する場合

切取りや掘削によって土かぶり圧を除去するので，応力解放による吸水膨張が生じ，時間の経過とともに危険となる．

いま，せん断開始前の有効応力を σ_v' とすると，図-6.8の σ_n' との関係で次のようになる．

$\sigma_v' > \sigma_n'$ なら　　CU試験の結果を用いて解析する（膨張非排水）

$\sigma_v' < \sigma_n'$ なら　　CD試験の結果を用いて解析する（膨張吸水）

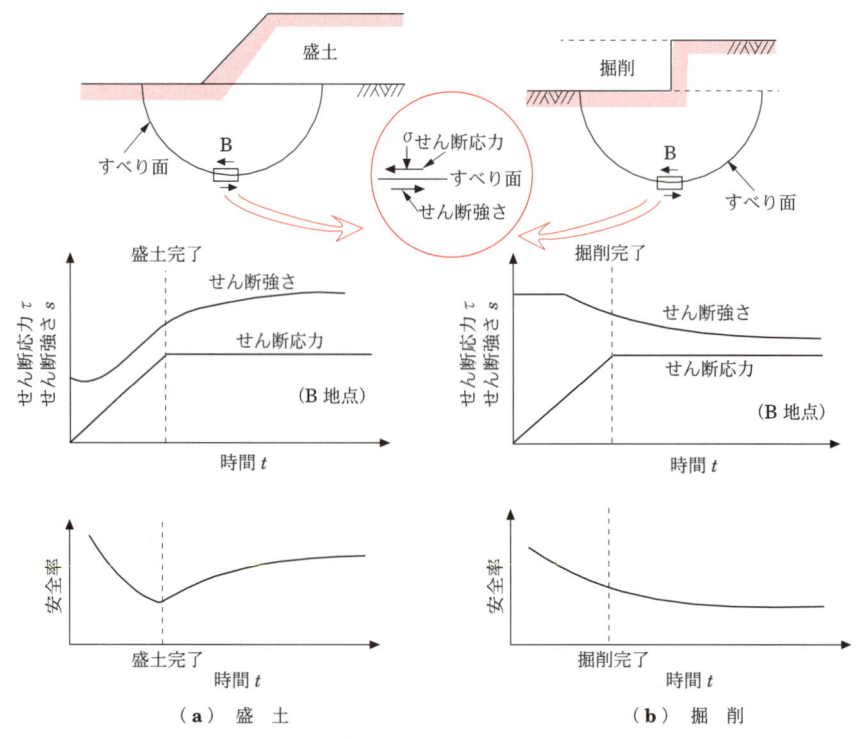

（a） 盛　土　　　　　**（b） 掘　削**

図-6.32 盛土・掘削過程におけるせん断強度の変化概念図

第7章　土の締固め

　土に機械的方法でエネルギーを加え，間隙中の空気を追い出して密度を高めることを，土の締固めという．土の埋戻しや盛土のときによく締め固めることは土工の原則で，締固めは地盤改良工法の基礎技術の一つとされている．

　土の締固めの効果や性質は，土の種類，含水量，加えられるエネルギーの種類・大小に大きく左右されるので，土を埋め戻したり盛土するときは，締固めの性質を十分理解したうえで，目的に応じた効率のよい締固めを行わなければならない．

　現場で締固めを行うとき，どの程度締め固まったかは室内試験の結果を基準にして判定する．また，締め固めた土の強度は CBR（3. で解説）を求めて判定する．

　本章では，土の締固めの性質や特性を求める試験方法，締め固めた土の相対的な強度を求める CBR 試験について説明するが，試験結果を実務にどう活用していくかについても述べたい．

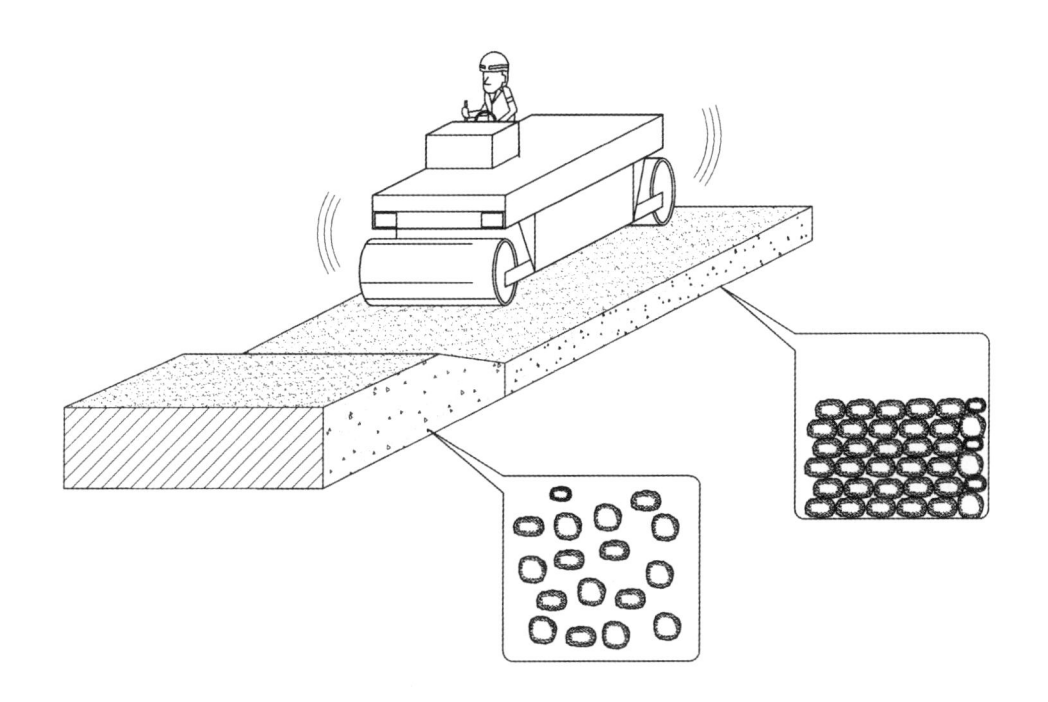

1. 締固めの性質と締固め試験

1933 年，プロクター (Proctor) は，土をある一定の方法で締め固めたとき，最大乾燥密度を与えるような含水比が実験的に決定できる性質を見出した．土でつくった堰堤やダムの事故が締固めの性質の発見で減り，安全な堤体がつくれるようになった．

締固めの性質は土質力学においてきわめて重要なものなので，ここでは，締固めの性質の基礎と，プロクターの発見に基づき基準化された締固め試験方法について解説する．

1.1 締固めの性質

いま，ある乱した土について含水比を段階的に変化させ，含水比ごとに一定のエネルギーを与えて締め固め，乾燥密度をそれぞれ求める．乾燥密度と含水比の関係を，横軸に含水比，縦軸に乾燥密度をとって方眼紙上に描くと，図-7.1 のような上に凸な曲線が得られる．この曲線を**締固め曲線**という．曲線の頂点は，ある一定のエネルギーで締め固めたとき，土がある含水状態で最もよく締まることを示しており，その含水比を**最適含水比** w_{opt}，求められた密度を**最大乾燥密度** $\rho_{d\,\text{max}}$ という．図-7.1 は，異なる大小 2 つのエネルギーのもとで締め固めた場合で，与えるエネルギーごとに w_{opt} が決まることがわかる．

土の最適状態は与えるエネルギーで異なる．土工の目的に合わせて与えるエネルギーを考えて試験する．

土の締固めの性質は，室内の突固めによる土の締固め試験で知ることができる．

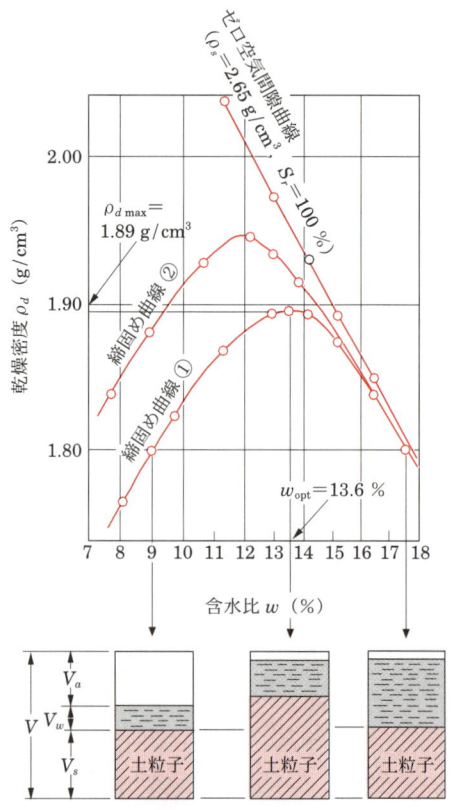

締固め曲線 ① は JIS A 1210 の小さな仕事量で締め固めた場合を，曲線 ② は大きな仕事量で締め固めた場合を示す．

図-7.1 締固め曲線

土を最適含水比の状態で締め固めると，強さや透水性の面でよい．

図-7.1の**ゼロ空気間隙曲線**は，土の間隙が水で満たされ，空気間隙がまったくないと仮定した場合の，土の乾燥密度 $\rho_{d\,sat}$ と含水比 w との関係を示す曲線である．この場合の土の乾燥密度 $\rho_{d\,sat}$ は次式で表される．

$$\rho_{d\,sat} = \frac{1}{\rho_w/\rho_s + w/100}\rho_w \quad (\text{g/cm}^3) \tag{7.1}$$

> 式(2.14)を ρ_d を求める式に表し，式(2.15)の関係を代入し，飽和度 $S_r = 100\%$ とおけば得られる．

1.2 土の締固め試験

室内における締固め試験では，ランマーを使った突固め方法を用いる．

試験方法は，表-7.1に示すように，ランマーの質量（2.5 kgと4.5 kg）とモールドの大きさ（内径10 cmと15 cm）の組合せで，A～Eの5種類がある．

表-7.1 突固めによる土の締固め方法の種類

呼び名	ランマー質量 (kg)	ランマー落下高 (cm)	モールド内径 (cm)	モールド容積 (cm³)	突固め層数	各層の突固め回数	許容最大粒径 (mm)	準備する試料の必要量		
								乾燥法繰返し法 a	乾燥法非繰返し法 b	湿潤法非繰返し法 c
A	2.5	30	10	1 000	3	25	19	5 kg	3 kg×組数	3 kg×組数
B	2.5	30	15	2 209	3	55	37.5	15 kg	6 kg×組数	6 kg×組数
C	4.5	45	10	1 000	5	25	19	5 kg	3 kg×組数	3 kg×組数
D	4.5	45	15	2 209	5	55	19	8 kg	—	—
E	4.5	45	15	2 209	3	92	37.5	15 kg	6 kg×組数	6 kg×組数

A, B: 小さなエネルギー（$E = 0.55\,\text{J/cm}^3$）
C, D, E: 大きなエネルギー（$E = 2.48\,\text{J/cm}^3$）

（注）試験法でAを，試料の準備方法でbを用いた場合，A-b法と呼ぶ．A, B法はエネルギーの小さな，C, D, E法はエネルギーの大きな試験である．

また，それぞれの試料の準備方法にはa, b, cがある．試料が乾燥することで性質の変わる粘性土では非乾燥法が，突き固めることで粒子が破砕する土（例えばまさ土）では非繰返し法が用いられる．試験方法は，呼び名A～Eにa, b, cを組み合わせた方法が用いられる．

試験法では，現場の施工目的に合わせて土に与えるエネルギーを2種類定めている．呼び名A，Bは小さなエネルギー（$E = 0.55\,\text{J/cm}^3$）を，C, D, Eは大きなエネルギー（$E_c = 2.48\,\text{J/cm}^3$）を与える．重要な盛土や強く締固める路盤に使う材料土は，大きなエネルギーを用いて試験する．

アドバイス

締固めエネルギー

室内試験の場合の締固めエネルギー（仕事量）E は次式で求まる．

$$E = \frac{W_R \cdot H \cdot N_B \cdot N_L}{V} \quad (\text{kJ/m}^3)$$

ここに，W_R：ランマーの質量（kN），H：ランマーの落下高（m），N_B：1層あたりの突固め回数，N_L：層の数，V：締め固めた供試体の体積（m³）

〔突固めによる土の締固め試験〕 (JIS A 1210)

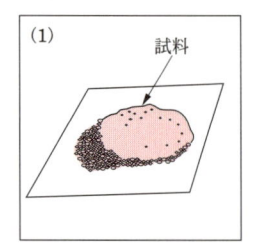

(1) 試料を搬入した後, 固まらないよう細かくして, 空気乾燥する.

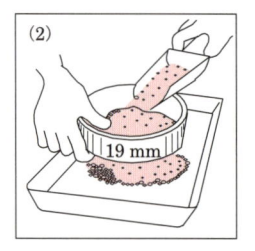

(2) 規定の 19 mm ふるいを通過した土から約 5 kg の試料をとる. この試料の含水比を測定しておく.

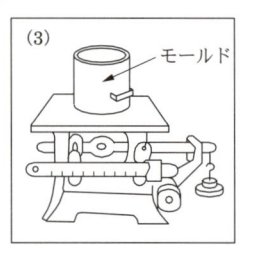

(3) モールドの質量 (m_m) を測る.

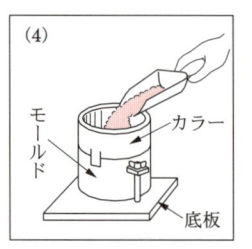

(4) モールドの底板とカラーを取り付けた後, 突固め後の厚さがモールドの高さの 1/3 になる程度まで試料を入れる.

(5) 2.5 kg のランマーで試料を 25 回突き固める. ランマーをモールドの縁に沿って落下させ, 5 ～ 7 回でひとまわりするように突き固め, そのうち 1 回はモールドの中心部に落下させる.

(6) 各層間の土の密着をよくするため, 1 層目と 2 層目の突き終わり面にドライバーなどで縦横に刻みをつける.

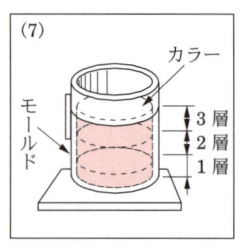

(7) (4) ～ (6) の作業を 3 回行って, 最終締固め層の上面がモールド上縁よりやや高いところにくるようにする (最終上面がモールド上縁より下になれば (4) からやり直す).

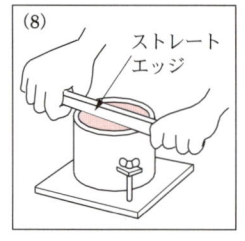

(8) 突固めが終わったらカラーを取りはずして, モールド上部の余分の土をストレートエッジにより削り取る (カラーを取りはずすとき, モールド上部の土をえぐり取ることのないように作業する).

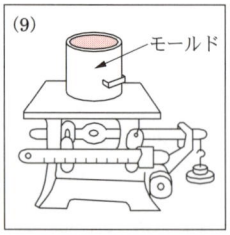

(9) 底板をはずし, 全体の質量 (m_0) を測る.

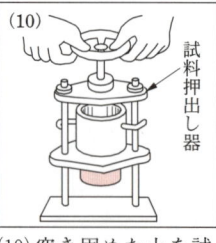

(10) 突き固めた土を試料押出し器などで取り出す.

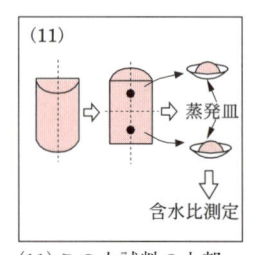

(11) この土試料の上部, 下部の 2 か所における含水比を測る.

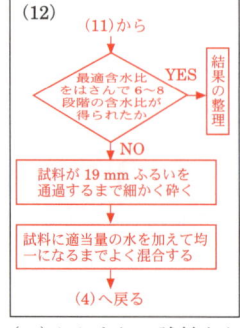

(12) かたまりの試料をときほぐして, 霧吹きなどで水を均等に散布し, 含水比を均一になるようよく混ぜ合わせる (あらかじめ予測し, 含水比を何%変化させるかを求めて必要な水を加える).
(4) からの作業を必要回数繰り返す.

ここでは, 呼び名 A 法の a (A-a 法) について説明する.

2. 土の締固めの性質と土工への利用

　土の締固めの効果は，土の種類や与えるエネルギーによって大きく異なる．

　土工工事で締固め作業をするのは，盛り上げただけでは十分でない土の性質を，締固めによって必要な性質に改良することを目的としている．そのため，土の締固めは地盤改良工法の一つとして最も基礎的な作業とされる．

　ここでは，土の種類と締固めの性質の関係，与えるエネルギーによる性質の変化，土工工事における締固めの判定と施工含水比について解説する．

2.1 土の種類と締固め曲線

　一般に，土を一定のエネルギーで締め固めた場合，土の種類によって締固め曲線が異なり，最大乾燥密度 $\rho_{d\,\mathrm{max}}$ や最適含水比 w_{opt} が著しく変化する．

　図-7.2 (a) に示すような①〜⑧の粒径加積曲線の土試料を，それぞれ一定のエネルギーで締め固めたときの締固め曲線は (b) のようになる．図からわかるように，砂質土では，均等係数 U_c が大きいものほど最大乾燥密度 $\rho_{d\,\mathrm{max}}$ が大きく，最適含水比 w_{opt} が小さい．また，土の細粒分が多くなれば，$\rho_{d\,\mathrm{max}}$ が小さくなり，逆に w_{opt} が大きくなる傾向にある．

> 土により，締まり方にこれだけの差がある．この w_{opt} と $\rho_{d\,\mathrm{max}}$ とに
> $$\rho_{d\,\mathrm{max}} = \frac{1}{0.0107\,w_{\mathrm{opt}} + 0.403}$$
> の関係があるようだ．

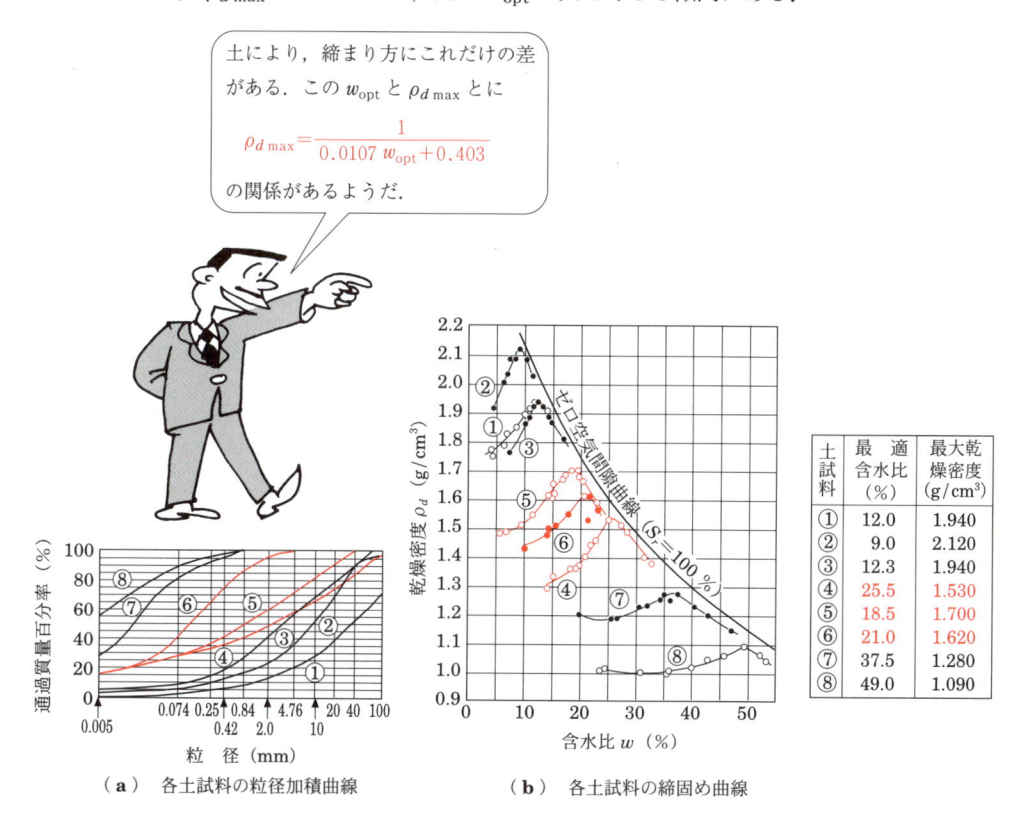

土試料	最適含水比 (%)	最大乾燥密度 (g/cm³)
①	12.0	1.940
②	9.0	2.120
③	12.3	1.940
④	25.5	1.530
⑤	18.5	1.700
⑥	21.0	1.620
⑦	37.5	1.280
⑧	49.0	1.090

(a) 各土試料の粒径加積曲線　　(b) 各土試料の締固め曲線

図-7.2 土の種類を変えて一定のエネルギーで締め固めた場合の締固め曲線[18]

> **アドバイス**
> **現場で土を締め固める方法**
> - バイブレーターを用いた振動による方法——粘着力のない砂質土に適用する．
> - ローラーを用いた転圧による方法——粘着力をもつ砂質土や塑性の低いシルト質土に適用する．
> - シープスフートローラーを用いた転圧——塑性の大きい粘土質土に対して適用する．

2.2 締固めエネルギーの影響

締固めエネルギーが異なるならば，図-7.3（a）のように同一土試料でも締固め曲線は異なる．いくつかのエネルギーのもとで締固めの試験を行った．図-7.4（a）でもわかるように，締固めエネルギーが大きくなれば最大乾燥密度 $\rho_{d\,\mathrm{max}}$ は大きくなり，最適含水比 w_{opt} は小さくなる．

図-7.3はシルト質粘土の場合で，(b)，(c)，(d)よりせん断強さや圧縮性などの面で最適含水比付近での締固めが最も安定していることがわかる．

> プロクターによる締固めの性質の発見により，アースダムなどが安全につくれるようになった．この発見は，土工に大きな貢献をしている．
> 土質力学における三大発見の一つともいわれる．

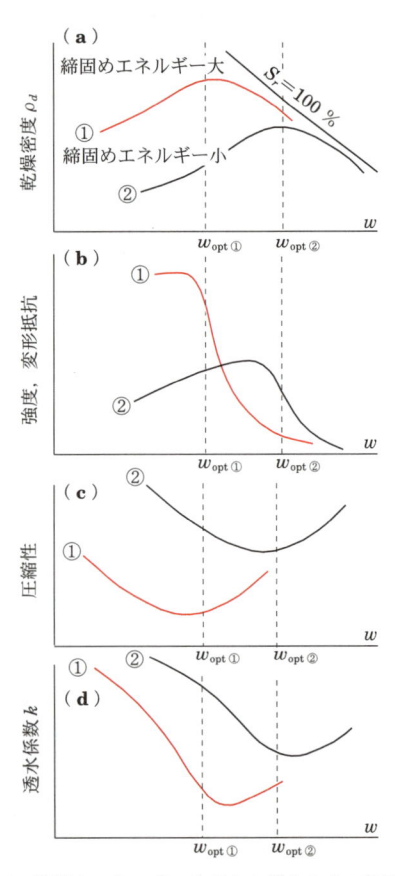

図-7.3 締固めエネルギーを変えた場合の土の性質の変化

> **アドバイス**
> **締固めによって改良される土の性質**
> ① 土の変形抵抗の増大
>   （土の弾性的性質の改善）
> ② 土のせん断強さの増強
>   （土の強度特性の改善）
> ③ 土の圧縮性の低下
> ④ 土の透水係数の減少
>   （土のしゃ水性の改善）

> **アドバイス**
>
> **過転圧に注意**
>
> 普通，土を締め固めると密度が高くなり，強度や透水性など土の工学的な性質は改善される．ところが，細粒分が多く含水比が高い土を過度に締め固めると，土の構造を壊し，かえって土の状態を悪くして強度を低下させることがある．これを**過転圧（オーバーコンパクション）**と呼ぶ．含水比の高い粘性土や火山灰質粘性土ではこの現象がみられる．

2.3 現場における締固めの意味

採取したある試料土を締固めエネルギーを変えて締め固めたところ，図-7.4（a）のような締固め曲線が得られた．この土の含水比が図（b）のaであるとき，現場でこの土を締め固めれば，矢印のように密度が高まる．現場ではa→a′の作業を行っている．図（b）でわかるように，含水比がaの土の場合，加えるエネルギーを大きくすればいくらでも締まる．ところが，高い含水比の土bでは，エネルギーを加えても密度が高まらず，加えたエネルギーが無駄になる．

> 締め固める現場の土の含水比がわかれば，その含水比を最適とする締固めエネルギーが存在する．

1層あたり回数	最適含水比（％）	最大乾燥密度（g/cm³）
15	14.3	1.832
25	13.4	1.872
40	12.4	1.907
60	11.8	1.934
100	10.9	1.972

（a）締固めエネルギーと締固め曲線の変化 　　　（b）現場の締固め作業の意味

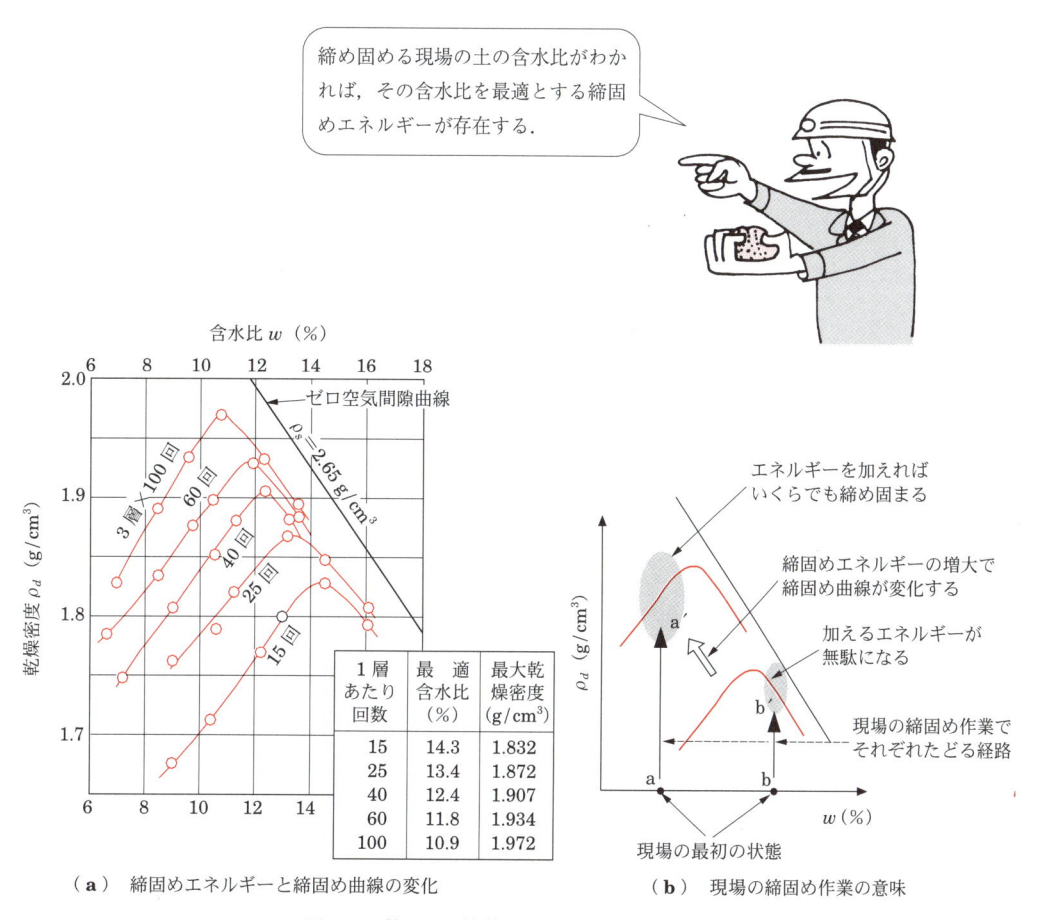

図-7.4 締固めの性質と現場の締固め作業の意味

2.4 締固めの判定と土工の管理

　道路盛土やアースダムのように土工を主体とする工事では，用いる材料土の含水比を管理しながら施工し，締め固めた後の土の状態が JIS A 1210 による室内試験で得られた最大乾燥密度 $\rho_{d\,\max}$ にできるだけ近づくよう締固めを行っている．現場で締固め作業が終わった後の密度は，p.19 の「アドバイス」で説明した RI 器を用いる方法で測定できる．

　この場合の土の締固め程度は，次式の**締固め度**（C_d）で求まる．

$$C_d = \frac{\text{現地で測定された乾燥密度 } \rho_d}{\text{JIS A 1210で得られた最大乾燥密度 } \rho_{d\,\max}} \times 100 \quad (\%) \qquad (7.2)$$

> **アドバイス**
> **締固め度による土工の管理**
> 締固め度の標準として，道路では次のような値が定められている．
> - 盛土（路体）……JIS A 1210 の A，B 法（表-7.1）による $\rho_{d\,\max}$ の 90%以上
> - 路床　　　……　〃　　の A，B 法による $\rho_{d\,\max}$ の 90〜95%以上
> 　　　　　　　　　〃　　の C，D，E 法による $\rho_{d\,\max}$ の 85〜90%以上
> - 路盤　　　……　〃　　の C，D，E 法による $\rho_{d\,\max}$ の 93%以上
> 　日本道路協会『道路土工指針』による．

　締固めの施工含水比は，室内試験で得られた最適含水比を基準にして，必要な締固め度が得られる含水比の範囲を指定して工事が行われる．この考え方を図-7.5 で説明する．

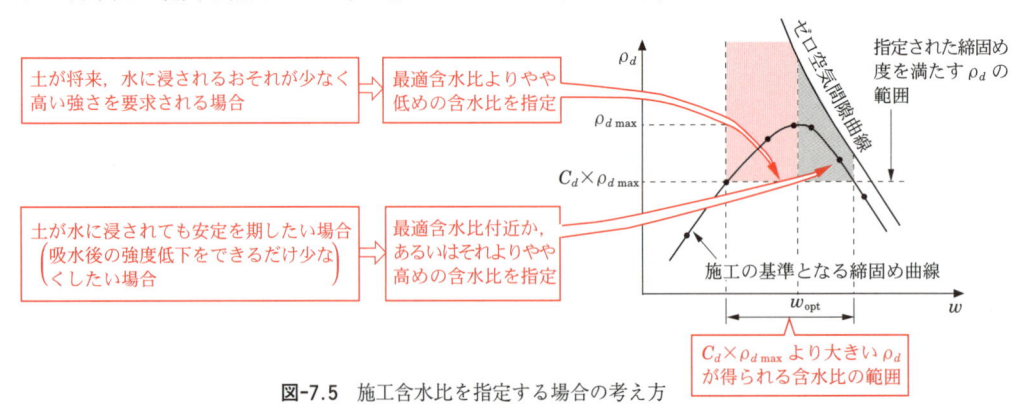

図-7.5 施工含水比を指定する場合の考え方

　また，わが国に広く分布する火山灰質粘性土や塑性の高い粘性土は最適含水比より自然含水比が高いことから，締固めの管理基準として締固め度が用いられない．これらの土は，締固めエネルギーを調整して締め固め，空気間隙率または飽和度の条件を満たすように施工される．

> **アドバイス**
> **粘性土の場合の締固めの管理基準（路体の場合）**
> - 空気間隙率 n_a ——10%以下になるよう締め固める．
> - 飽和度 S_r 　——85%以上になるよう締め固める．
> 　（注）空気間隙率 n_a は，体積 V の土のなかで空気間隙の体積 V_a が占める割合をいう．図 2.1 から，$n_a = (V_a/V) \times 100$ で求まる．日本道路協会『道路土工指針』による．

3. 土の締固めと路床土支持力比（CBR）

　一般的な盛土では，締固め土工の管理に締固め度を用いる．これは，基準以上の密度が確保されていれば必要な性能が確保できるという考え方に基づいている．これに対し道路では，舗装を支持する路床や舗装を構成する路盤で，締め固め後の強度が設計や使用材料の判定のために必要である．締め固めた土の強度を評価する尺度として CBR が用いられるので，道路舗装の設計に必要な CBR について解説する．

3.1 締固め土の強さと CBR

　締め固めた土の強さを表すのに **CBR**（California bearing ratio）が用いられる．CBR は道路などの路床や路盤材料を，締め固め後の強さの面から判定するのに用いる．室内試験で求められる CBR は道路土工，舗装の設計，路盤材料の判定に用いるのが一般的であるが，現場で締め固めた土の強度管理に現場 CBR が求められることがある．

　CBR とは，クラッシャーラン（割りっぱなし砕石）を締め固め，直径 5 cm の棒を貫入させたときの荷重強さを基準に，土の貫入抵抗が基準強さの何％にあたるかの相対的な強さを示したものである．例えば CBR が 20 といえば，その土が締め固めた砕石の強さに対して 20％の強さをもつことを示す．

$$\text{CBR} = \frac{\text{締め固めた土に貫入ピストンを 2.5 mm 貫入するのに要した荷重強さ (MN/m}^2\text{)}}{\text{標準荷重強さ (6.9 MN/m}^2\text{)}} \tag{7.3}$$

　式 (7.3) における標準荷重強さ $6.9\,\text{MN/m}^2$ は，クラッシャーランを JIS A 1210 の大きなエネルギーの呼び名 D の方法で締め固め，直径 5 cm の貫入棒を 2.5 mm 貫入するのに要する荷重を多数求めて決めた（5 mm 貫入の場合の標準荷重は $10.3\,\text{MN/m}^2$ である）．

　CBR の値をもとに設計される道路の舗装の構造を図-7.6 に示す．ここではアスファルト舗装を図示したが，コンクリート舗装だと表層・基層がコンクリート板に変わるだけである．

　図の路床とは特別な構造をいうのではなく，舗装の下の厚さ 1 m の土の部分のことで，道路盛土の路体では上部 1 m が路床となる．

　CBR の一般的な求め方は，JIS A 1211 で定められる．実用される CBR は，目的によって，試料の準備や締固めエネルギーなどが異なるだけで，CBR 値を求める方法は同じである．道路のアスファルト舗装の設計には，路床土についての各地点の CBR を求めて**設計 CBR** を求める．路盤材料は，材料土について最適含水比状態で異なるエネルギーのもとで CBR を求め，**修正 CBR** を求めて判定する．

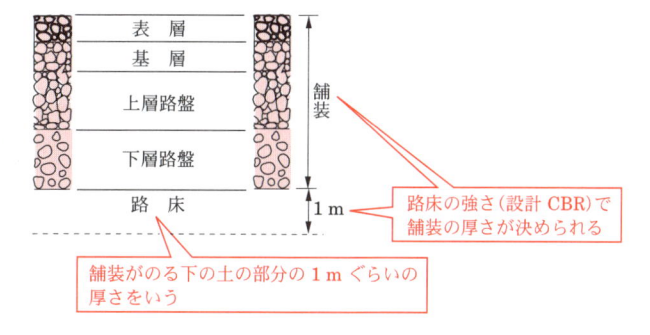

図-7.6 アスファルト舗装の構造

3.2 CBR試験

JIS A 1211のCBR試験では，規定のモールドに締め固められ準備された供試体についてCBRを求める方法を定めている．CBRを何に利用するかにより試料の準備や締固めの方法は異なる．

ここでは，CBRを利用する目的に応じて試料が準備され定められたエネルギーで締め固められることを前提にCBRを求める方法を説明する．道路舗装の設計に用いる設計CBRや路盤材料の評価に用いる修正CBRに関し，試料の準備および締固め方法の詳細は次項で説明することとする．

〔CBR試験〕（JIS A 1211）

（a） 試料の準備

(1) 目的に応じて試料を準備
- 設計CBR：路床土
- 修正CBR：路盤材料
- 盛土の評価：盛土材料

(2) ビニール袋 / 50 cm / 路床面 / 採取部分

(3) 材料土の最適含水比 w_{opt} を非繰返し法で求める（ρ_d vs w のグラフ，w_{opt}）

(4) 材料土の含水比が w_{opt} になるよう調整する．

(1) CBRを求める目的に応じて，それぞれ用いる材料土を準備する．

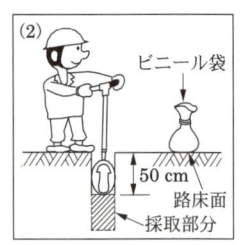

(2) 設計CBRを求める場合は，3.3(1)で述べるように，路床面より深さ50cmのところから採取した乱した試料を自然含水比の状態で用いる．

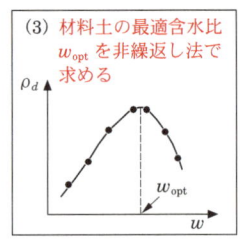

(3) 修正CBRを求める場合は，3.3(2)で述べるように，用いる路盤材料についてあらかじめ締固め試験の呼び名E法で最適含水比を求める．

(4) その材料土を，求めた最適含水比の状態にして修正CBRを求める試験を行う．

（b） 試料の締固め

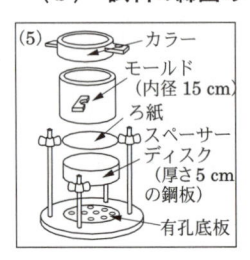

(5) カラー／モールド（内径15 cm）／ろ紙／スペーサーディスク（厚さ5 cmの鋼板）／有孔底板

(6) （規定のエネルギーで突き固める）／ランマー（質量4.5 kg 落下高45 cm）

(7) スペーサーディスク

(8) 供試体

(5) 図のようにモールドを組み立てる．モールド内においたスペーサーディスクの上にろ紙を敷く．

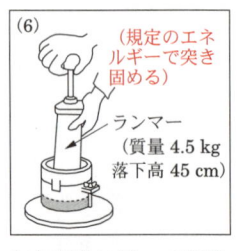

(6) 規定に従って準備した材料土を規定の層数に分け，それぞれ規定回数突き固める．（設計CBRは3.3(1)，修正CBRは3.3(2)で説明する）．

(7) カラーを取りはずし，モールド上部の余分の土を注意深く削り取る．残りの試料を用いて含水比 w を測定しておく．

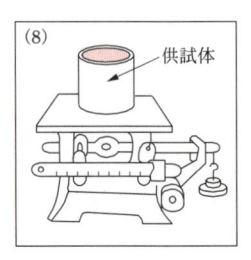

(8) モールドの外側についている土をよく拭き取り，（湿潤供試体＋モールド）の質量を測定する（湿潤密度，乾燥密度を計算する）．

(c) 吸水膨張試験

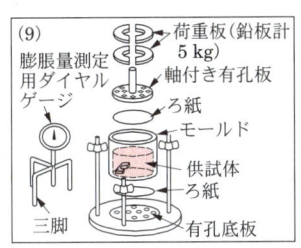

(9) モールドの土を削り取った部分を下にして，ろ紙を敷いた有孔底板に結合し，ろ紙，軸付き有孔板，荷重板の順に組み立てる（供試体の上におく 5kg の荷重は自動車荷重に対応させたもの）．

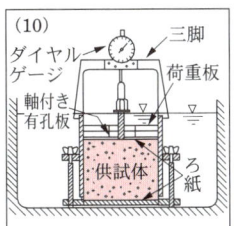

(10) 長期に雨が降った場合など土が最悪の状態におかれた場合を想定し，水槽内で 4 日間の水浸を行う．水浸後からの膨張量の測定は，1, 2, 4, 8, 24, 48, 72, 96 時間後のダイヤルゲージの読みを取る．

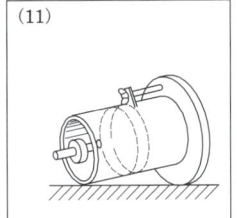

(11) 4 日間水浸後，水中からモールドを取り出し，荷重板をのせたまま静かに傾けて水を除き，15 分間静置し，ろ紙を取り除いてから質量を測定する（水浸後の湿潤密度，乾燥密度，含水比を計算する）．

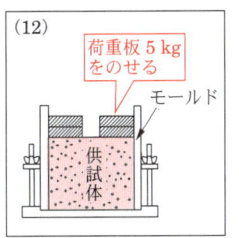

(12) 供試体の上に 5kg の荷重板をのせ，貫入試験機にセットする．

(d) 貫入試験

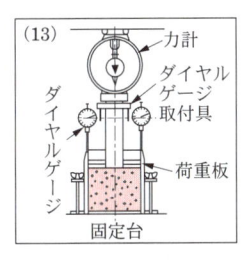

(13) 貫入ピストンを正確にすえつけ，貫入量測定用ダイヤルゲージをセットし，ピストンが 1 mm/min の速さで貫入するよう，なめらかに荷重をかける．

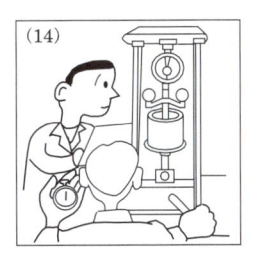

(14) 貫入量が 0.5, 1.0, 1.5, 2.0, 2.5, 3.0, 4.0, 5.0, 7.5, 10.0, 12.5 mm のときのそれぞれの力計の読みを取る．貫入試験が終われば荷重を除き，モールドをおろす．

(15) 試料押出し器を用いて供試体を抜き取り，供試体の上下 2 か所から試料をとり，それぞれ含水比を測定する．

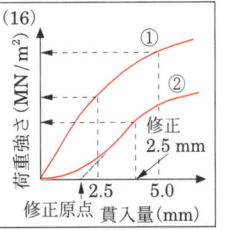

(16) 貫入量と力計との関係から，貫入量－荷重強さの関係を求め，グラフに描く．所要の貫入量における荷重強さを読み取る（曲線②のような場合は図のように原点を修正する）．

(e) CBR 試験結果の整理

(17) 2.5 mm 貫入量における CBR と 5.0 mm 貫入量における CBR を求める．

$$CBR_{2.5} = \frac{2.5 \text{ mm 貫入の荷重強さ}}{6.9 \text{ MN/m}^2} \times 100 \quad (\%)$$

$$CBR_{5.0} = \frac{5.0 \text{ mm 貫入の荷重強さ}}{10.3 \text{ MN/m}^2} \times 100 \quad (\%)$$

(17) それぞれの貫入量における CBR を求める．$CBR_{5.0} \geqq CBR_{2.5}$ になれば，改めて供試体をつくり，試験をやり直す．

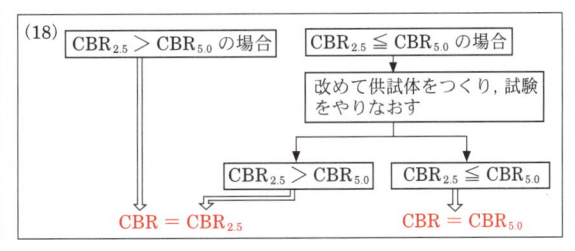

(18) 上記の要領で最終的に CBR を決定する．

- $CBR_{2.5} > CBR_{5.0}$ の場合 → $CBR = CBR_{2.5}$
- $CBR_{2.5} \leqq CBR_{5.0}$ の場合 → 改めて供試体をつくり，試験をやりなおす
  - $CBR_{2.5} > CBR_{5.0}$ → $CBR = CBR_{2.5}$
  - $CBR_{2.5} \leqq CBR_{5.0}$ → $CBR = CBR_{5.0}$

(注) 1. $CBR \leqq 2$ の軟弱な土は，機械誤差，個人誤差が入りやすく信頼性が低いので，そのような土に CBR 試験は適用しないほうがよい．
2. JIS においては，乱さない土の供試体についての CBR 試験および現地で行う現場 CBR 試験についても方法が定められている．

3.3 道路の舗装とCBR

(1) 舗装厚さの設計に用いる設計CBR

アスファルト舗装の厚さは路床土の強さによって決まる．路床土の強さを表すCBRは，同一舗装厚予定区間のいくつかの箇所から採取した土試料について，自然含水比状態で所定のエネルギーを与えて締め固め，それぞれCBRを求める．そして，それらのCBR値から舗装厚の設計に用いる設計CBRが決まる．

〔設計CBR〕

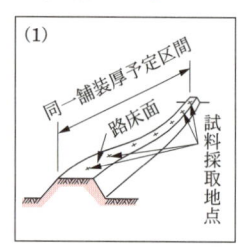

(1) 同一舗装厚予定区間のいくつかの箇所からハンドオーガー等を用いて試料を採取する（同一舗装厚予定区間は最低200m以上にすることが望ましい）．

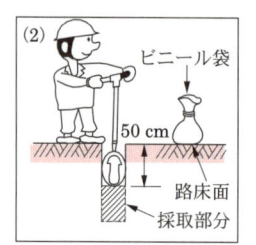

(2) 路床面より50cm以上深いところから乱した状態で試料を採取し，ビニール袋に入れ，含水量を変化させないようにして試験室に搬入する（雨期や凍結融解期の採取は避ける）．

(3) 搬入した試料から40mm以上の骨材を除き，自然含水比のままで3層に分け，各層67回ずつ突き固める．p.136の(7)(8)の作業は同じ．

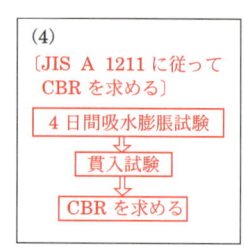

(4) 前頁で述べたCBR試験の手順(9)～(18)どおり行う．

〔JIS A 1211に従ってCBRを求める〕
→ 4日間吸水膨脹試験
→ 貫入試験
→ CBRを求める

この方法は，一般的な道路に適用するアスファルト舗装要綱に基づいている．高速道路や空港の舗装に関しては異なる方法が定められている．

上記のように各地点の土試料のCBRを求めたら，その区間のCBRを次式で定める（各地点のCBRのうち極端な値は除く）．

$$\text{区間のCBR} = \text{各地点のCBRの平均値} - \frac{(\text{CBRの最大値} - \text{CBRの最小値})}{C} \tag{7.4}$$

ここに，C：表-7.2に示す係数．

表-7.2 設計CBRの計算に用いる係数

個数 n	2	3	4	5	6	7	8	9	10以上
C	1.41	1.91	2.24	2.48	2.67	2.83	2.96	3.08	3.18

アスファルト舗装には，地盤上に直接表層を設ける簡易舗装もあるが，この場合の設計CBRは式(7.4)を用いない．簡易舗装の場合の設計CBRは，各地点のCBRのうち極端な値を除き最も小さい値を設計CBRとする．

この区間の CBR から，表-7.3 によって設計 CBR を決める．

表-7.3 区間の CBR と設計 CBR の関係

区間の CBR (%)	2～3 未満	3～4 未満	4～6 未満	6～8 未満	8～12 未満	12～20 未満	20 以上
設 計 CBR (%)	2	3	4	6	8	12	20

(2) 路盤材料の判定に用いる修正 CBR

路盤材料の強さを表すには修正 CBR を用いる．まず，材料土の最適含水比を p.129 に示す締固め試験の呼び名 E 法で求める．路盤材料土を求めた最適含水比の状態にもっていき，3 層に分け各層 92 回，42 回，17 回ずつ突き固めて得られた供試体の乾燥密度と，4 日間水浸した後の CBR の関係を求めておく．修正 CBR は，材料土の 3 層 92 回の突固めで得られる最大乾燥密度に対して，所要の締固め度(%)に対応する乾燥密度における CBR を読み取ることで得られる．

〔**修正 CBR**〕

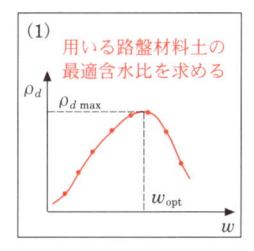

(1) 用いる路盤材料土のうち粒径が 40mm 以上の骨材は取り除く．呼び名 E 法で締固め試験を行い，w_{opt} を決める．

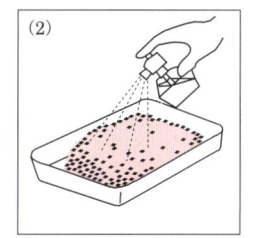

(2) 準備した路盤材料土約 50kg を，w_{opt} との差が 1% 以内になるよう調整する．水を加えてよくかき混ぜ，なじむよう 12 時間以上放置する．

(3) (2) で準備した材料土を 3 段階のエネルギー*のもとで締め固める．各々のエネルギーごとに 3 つの供試体を作成し，合計 9 個の供試体をつくる．

(4) p.137 で述べた CBR 試験の手順 (9)～(18) どおりに行う．締め固め後の ρ_d と CBR について，それぞれの突固め回数に対応して 3 個ずつの平均値を求める．そして，平均の ρ_d と CBR の関係を図で示す．

(注) * 用いられる 3 段階のエネルギーと供試体の数は次のとおりである．
   3 層に分け 92 回ずつ突き固めた供試体を 3 個
   〃　　　42 回　〃
   〃　　　17 回　〃

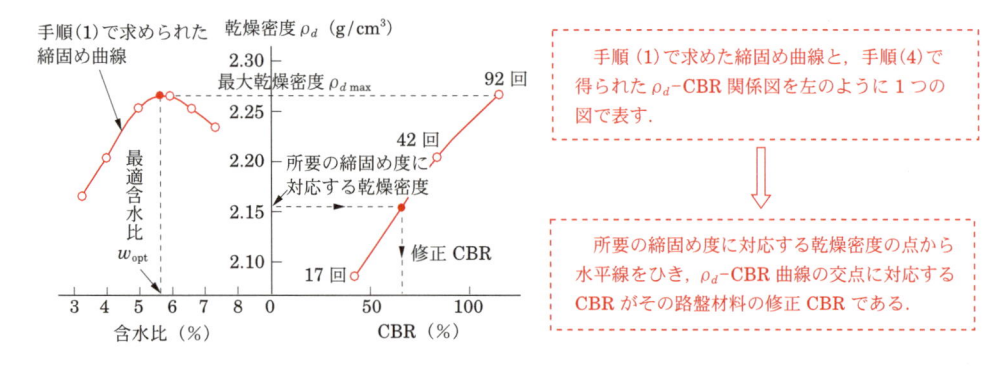

図-7.7 所要の締固め度に対応する修正 CBR の求め方

手順(1)で求めた締固め曲線と，手順(4)で得られた ρ_d-CBR 関係図を左のように1つの図で表す．

所要の締固め度に対応する乾燥密度の点から水平線をひき，ρ_d-CBR 曲線の交点に対応する CBR がその路盤材料の修正 CBR である．

路盤材料に用いられる材料ごとの修正 CBR の概略値は表-7.4 のようである．また，各機関で路盤の必要な修正 CBR 値として，表-7.5 の材料規定を定めている．

表-7.4 修正 CBR の概略値

材　　料	修　正 CBR（%）
砕　　石	70 以上
鉄鋼スラグ	80 以上
砂利，切込み砂利	20 ～ 60
砂	8 ～ 40

表-7.5 修正 CBR に関する材料規定

区分		一般道路	高速道路	鉄　　道	簡易舗装道路
機関例		日本道路協会 国土交通省 東京都	日本道路公団	鉄道総合技術研究所	日本道路協会（簡易舗装）
路盤	上層	80％以上	80％以上	80％以上（高炉スラグ 砕石の場合）	60％以上
	下層	20％以上 30％未満	30％以上		10％以上
路床	上部		10％以上		
	下部		5％以上		

■文献

1) 土質工学会：土質調査法，1972
2) 地盤工学会：地盤調査法，1995
3) 坂口　理：N値による地盤の評価，基礎工，Vol.10，No.6，pp.15-25，1982
4) 日本道路協会：道路土工―軟弱地盤対策工指針，1986
5) 土壌物理研究会：土の物理学―土質工学の基礎，森北出版，1979
6) 土質工学会：土質試験の方法と解説，1990
7) Skenpton, A.W.：The colloidal activity of clays, Proc. 3rd ICSMFE, Vol.1, pp.57-61, 1953
8) 地盤工学会：土質試験の方法と解説　第1回改訂版，2000
9) 土質工学会：掘削のポイント，1967
10) 河野伊一郎：地下水工学，鹿島出版会，1989
11) 山口白樹：改訂増補　土質力学，技報堂出版，1976
12) 土木学会：土木工学ハンドブック，技報堂出版，1964
13) 大崎順彦：建築基礎構造，技報堂出版，1991
14) 土質工学会：基礎の設計資料集，1992
15) 森田悠紀雄他：過圧密粘土の長期圧密特性，特殊圧密試験に関するシンポジウム，土質工学会，pp.187-192，1988
16) 石原研而：土質力学，丸善，1988
17) 地盤工学会：ジオテクノート②中間土―砂か粘土か，1992
18) 土質工学会：土質調査試験結果の解釈と適用例　第1回改訂版，1979
19) 地盤工学会：土質試験―基本と手引き，第1回改訂版，2001
20) 林田師照・安川郁夫・中野毅・森本浩行：土質力学，実教出版，1998
21) 安川郁夫・今西清志・立石義孝：絵とき　土質力学，オーム社，1998

著　者

能城正治（のぎ　まさじ）
　　元　大阪市立都島第二工業高等学校長

林田師照（はやしだ　のりてる）
　　元　大阪市立東淀工業高等学校長
　　前　大阪市立西高等学校長

安川郁夫（やすかわ　いくお）
　　立命館大学理工学部講師（非常勤）
　　東洋技研コンサルタント(株)技術顧問
　　技術士（建設部門，総合技術監理部門）

イラスト　　鈴　木　好　男
　　　　　　盛　本　一　郎

図解土木講座　土質力学の基礎　（第二版）　　定価はカバーに表示してあります

1983年2月10日　1版1刷発行　　　　　ISBN 978-4-7655-1396-8 C 3051
2003年5月26日　2版1刷発行
2020年4月5日　2版5刷発行

　　　　　　　　　　　　　　　　　著　者　　能　城　正　治
　　　　　　　　　　　　　　　　　　　　　　林　田　師　照
　　　　　　　　　　　　　　　　　　　　　　安　川　郁　夫

　　　　　　　　　　　　　　　　　発行者　　長　　滋　彦

　　　　　　　　　　　　　　　　　発行所　　技報堂出版株式会社

　　　　　　　　　　　　　　　　　〒101-0051　東京都千代田区神田神保町
　　　　　　　　　　　　　　　　　　　　　　　　1-2-5
日本書籍出版協会会員　　　　　　　電　話　　営業　(03)(5217)0885
自然科学書協会会員　　　　　　　　　　　　　編集　(03)(5217)0881
土木・建築書協会会員　　　　　　　F A X 　　　　(03)(5217)0886
　　　　　　　　　　　　　　　　　振替口座　　　　00140-4-10
Printed in Japan　　　　　　　　　　http://gihodobooks.jp/

　　　Ⓒ Masaji Nogi, Noriteru Hayashida, Ikuo Yasukawa, 2003　　　　　印刷・製本　愛甲社

落丁・乱丁はお取替えいたします.
本書の無断複写は，著作権法上での例外を除き，禁じられています.

図解土木講座（B5判・二色刷）

応用力学の基礎（第二版）
山本宏・押谷政信・西田秀行著
148頁

【主要目次】 力のつりあい／静定ばり／はりの影響線／最大せん断力と最大曲げモーメント／部材断面の性質／材料の性質と強さ／はりの応力／柱／トラス／はりの変形／簡単な不静定ばり

土質力学の基礎（第二版）
能城正治・林田師照・安川郁夫著
150頁

【主要目次】 土の生成と調査・試験／土の基本的な性質／土中の水の流れと毛管現象／地中の応力／土の圧密／土の強さ／土の締固め

水理学の基礎（第二版）
吉岡幸男著
140頁

【主要目次】 序論／静水圧／流水の性質／管水路／開水路／オリフィス・水門・せき／付表

コンクリートの知識（第五版）
小谷昇・井田敏行・小平惠一著
112頁

【主要目次】 コンクリートの材料／コンクリートの性質／コンクリートの配合／レディーミクストコンクリート

アスファルト混合物の知識（改訂三版）
小谷昇・井田敏行・森田幸義著
126頁

【主要目次】 材料（瀝青材料／骨材／材料の貯蔵）／混合物（混合物の種類／混合物の性質／混合物の配合）／舗装（舗装の構造／混合および運搬／舗設／品質管理）

工事管理の知識
小谷昇・井上泰行・二ノ丸吉武・山崎五郎著
126頁

【主要目次】 工事管理の概要／工程管理／品質管理／原価管理／安全管理

測量学（第二版）
小田部和司著
150頁

【主要目次】 三角法・弧度法／地球のすがたと測量／角測量／平板測量／空中写真測量／水準測量／測線の標示と距離の測定／求積／測量の誤差とその計算

技報堂出版　TEL 編集 03(5217)0881　営業 03(5217)0885
FAX 03(5217)0886